普通高等教育机电类系列教材

机械工程图学与实践习题集

主编　王　笑　蒋洪奎
参编　宣仲义　李晓梅

机　械　工　业　出　版　社

本习题集与机械工业出版社出版的《机械工程图学与实践》配套使用。

本习题集根据应用型本科和新型职业技术大学教学的特点，结合编者多年来从事工程图学课程教学的实践经验，以及在教学改革和学科竞赛方面的成果与体会，在参考兄弟院校教材的基础上精心编写而成，其内容编排由浅入深、循序渐进，并与配套教材的章节顺序完全一致。本套书适用的参考学时为96~128学时。

本习题集的主要内容有机械制图基本知识，计算机绘图基础，点、线、面的投影，立体及其表面交线，组合体，轴测图，机件常用的表达方法，标准件和常用件的表达，零件工作图，装配图，计算机绘制机械图样，机械测绘。

本习题集可作为应用型本科、新型职业技术大学的机械类、近机械类专业的制图教材，也可作为相关工程技术人员的参考书。

图书在版编目（CIP）数据

机械工程图学与实践习题集/王笑，蒋洪奎主编. —北京：机械工业出版社，2023.9
普通高等教育机电类系列教材
ISBN 978-7-111-73712-4

Ⅰ.①机… Ⅱ.①王… ②蒋… Ⅲ.①机械制图-高等学校-习题集 Ⅳ.①TH126-44

中国国家版本馆CIP数据核字（2023）第157904号

机械工业出版社（北京市百万庄大街22号 邮政编码100037）
策划编辑：刘元春 责任编辑：刘元春
责任校对：宋 安 刘雅娜 封面设计：张 静
责任印制：任维东
北京富博印刷有限公司印刷
2023年11月第1版第1次印刷
370mm×260mm · 12印张 · 290千字
标准书号：ISBN 978-7-111-73712-4
定价：38.00元

电话服务
客服电话：010-88361066
010-88379833
010-68326294

网络服务
机 工 官 网：www.cmpbook.com
机 工 官 博：weibo.com/cmp1952
金 书 网：www.golden-book.com
机工教育服务网：www.cmpedu.com

封底无防伪标均为盗版

前　　言

本习题集与机械工业出版社出版的《机械工程图学与实践》配套使用。

培养大国工匠、高技能人才，是党的二十大报告中提出深入实施人才强国战略，加快建设国家战略人才力量的重要组成部分。本习题集根据编者多年来从事工程图学课程教学的实践经验和近年来教学改革的成果，在结合学生学习状况并参考兄弟院校同类习题集的基础上编写而成。本习题集的内容编排顺序与配套教材相同，以便于读者使用。本习题集全部采用现行的国家标准编写。

本习题集具有以下特点：

1. 配套课程知识体系完整，习题内容由浅入深、循序渐进，符合学生认知规律，有利于教师筛选以及学生自主学习。

2. 根据配套教材，本习题集将机械制图、计算机绘图、机械测绘等内容融于一体，强化理论知识与实践技能的紧密结合。

3. 加强学生对组合体的绘图和读图能力、图样表达能力、零件图和装配图的绘图与读图能力的训练，为今后绘制和阅读机械图样打下坚实基础。

4. 精选相应习题，加强徒手绘图、尺规绘图和计算机绘图 3 种绘图能力的培养，以够用为原则，适当降低部分习题的难度，同时有相应的动画或视频演示以辅助学生作参考和自我学习。

本习题集由浙江师范大学行知学院的王笑、蒋洪奎担任主编，宣仲义、李晓梅参加编写。宣仲义负责编写第 1 章、第 6 章，王笑负责编写第 2 章、第 4 章、第 7 章、第 11 章，李晓梅负责编写第 5 章、第 8 章，蒋洪奎负责编写第 3 章、第 9 章、第 10 章、第 12 章。习题动画视频由苏梦龙制作。

本习题集由浙江师范大学朱喜林教授主审。朱喜林教授对初稿进行了认真细致的审查，提出了许多宝贵的意见和建议，在此表示诚挚的谢意！

本习题集的编写得到了机械工业出版社、浙江师范大学行知学院的大力支持，在此一并表示感谢！

由于编者水平所限，不当之处在所难免，欢迎读者提出宝贵意见，以便修订时进行调整与改进。联系邮箱：tianzhu213@ zjnu. cn。

编　者

扫码可看相关资源

目　　录

第1章　机械制图基本知识

班级　　　　姓名　　　　审核

1-2 图线、尺寸标注练习。

（1）在每条图线下方空白处抄画线型。

（2）在右边指定位置抄画下列图形。

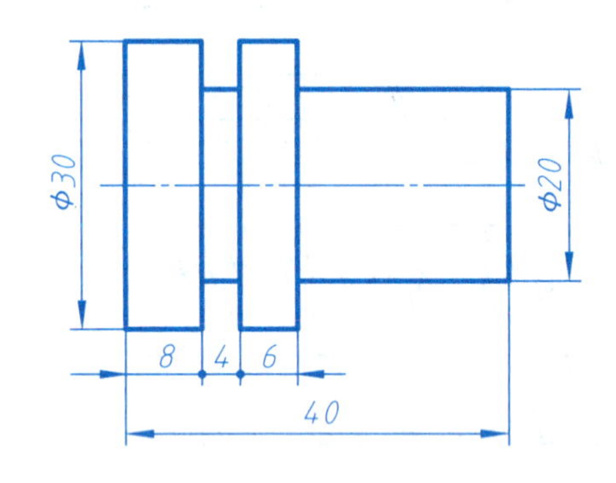

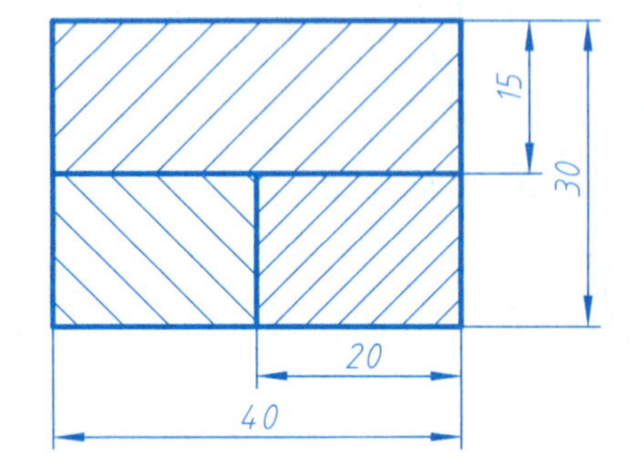

（3）标注尺寸（尺寸数值按图中 1 : 1 的比例量取，并取整数）。

1）

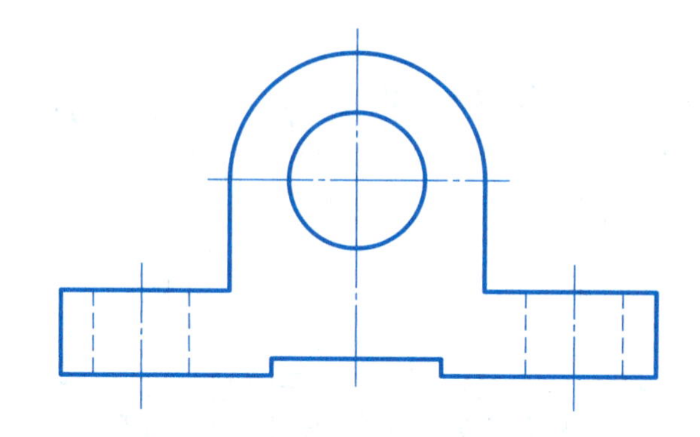

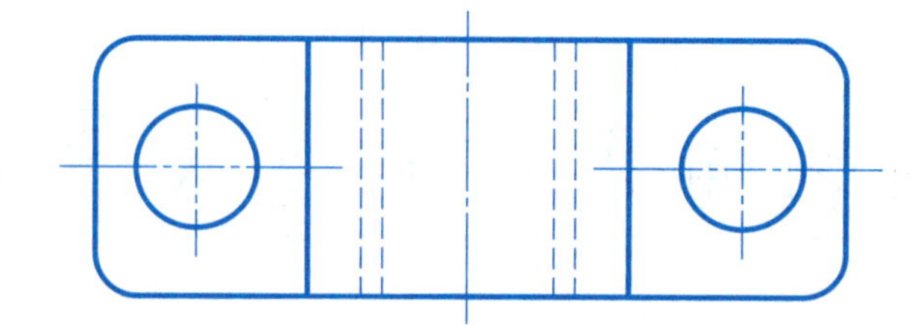

2）

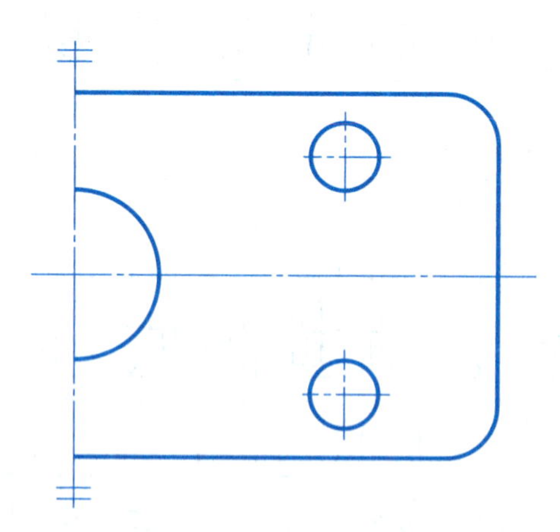

班级　　姓名　　审核

1-3 平面图形综合练习（抄画，按实际尺寸绘制）。

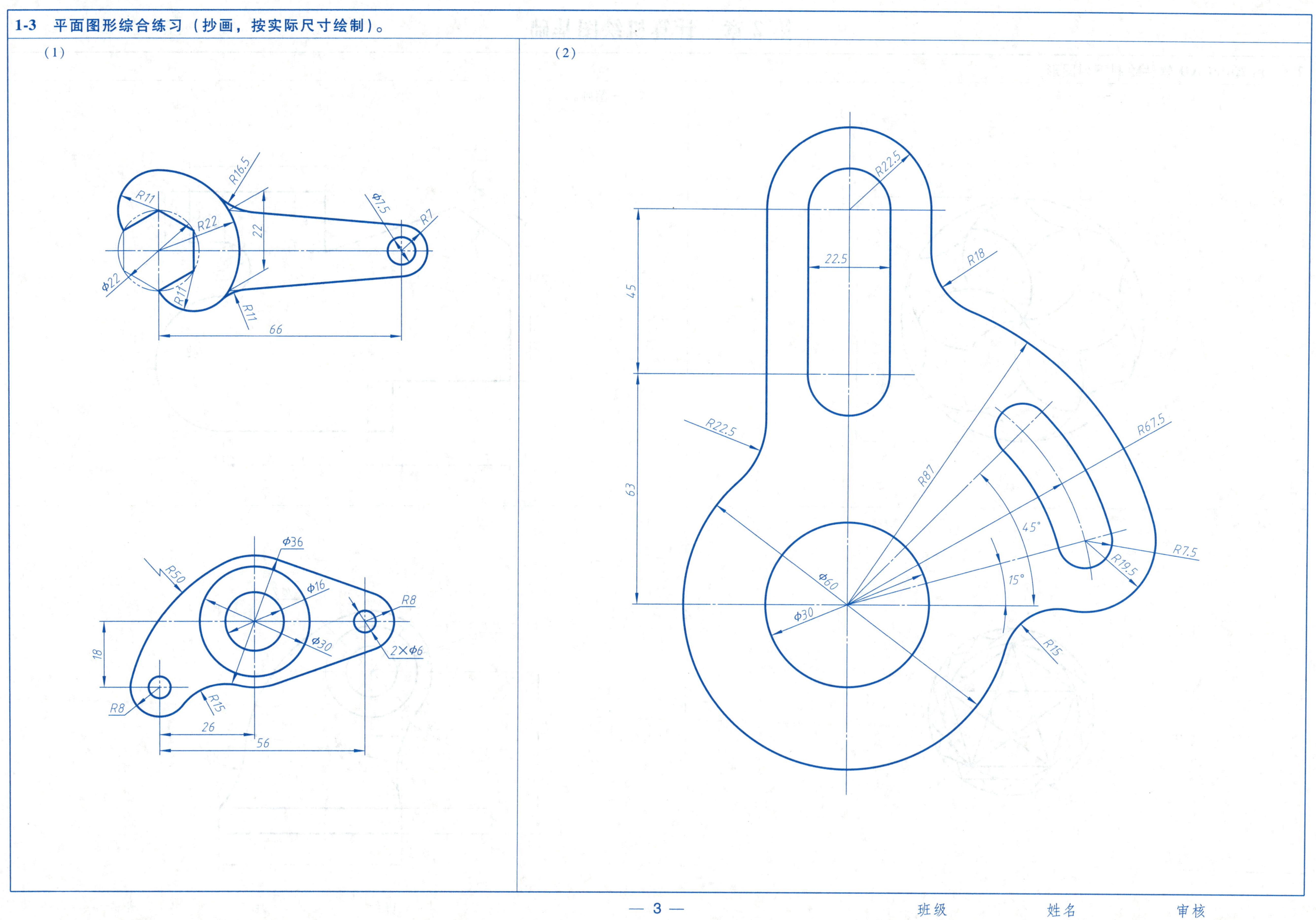

班级　　姓名　　审核

第 2 章　计算机绘图基础

2-1　用 AutoCAD 软件绘制下列图形。

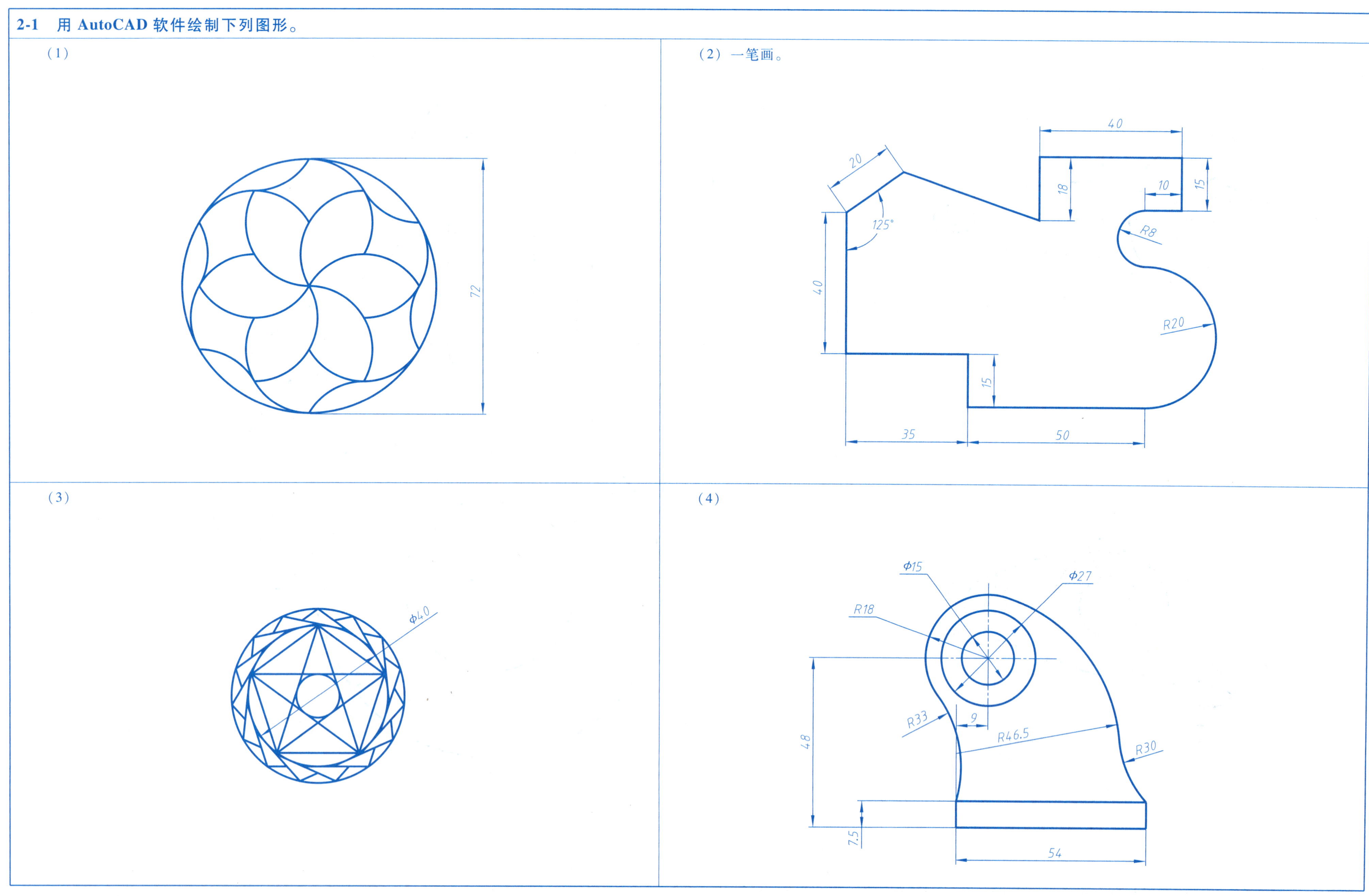

班级　　　　姓名　　　　审核

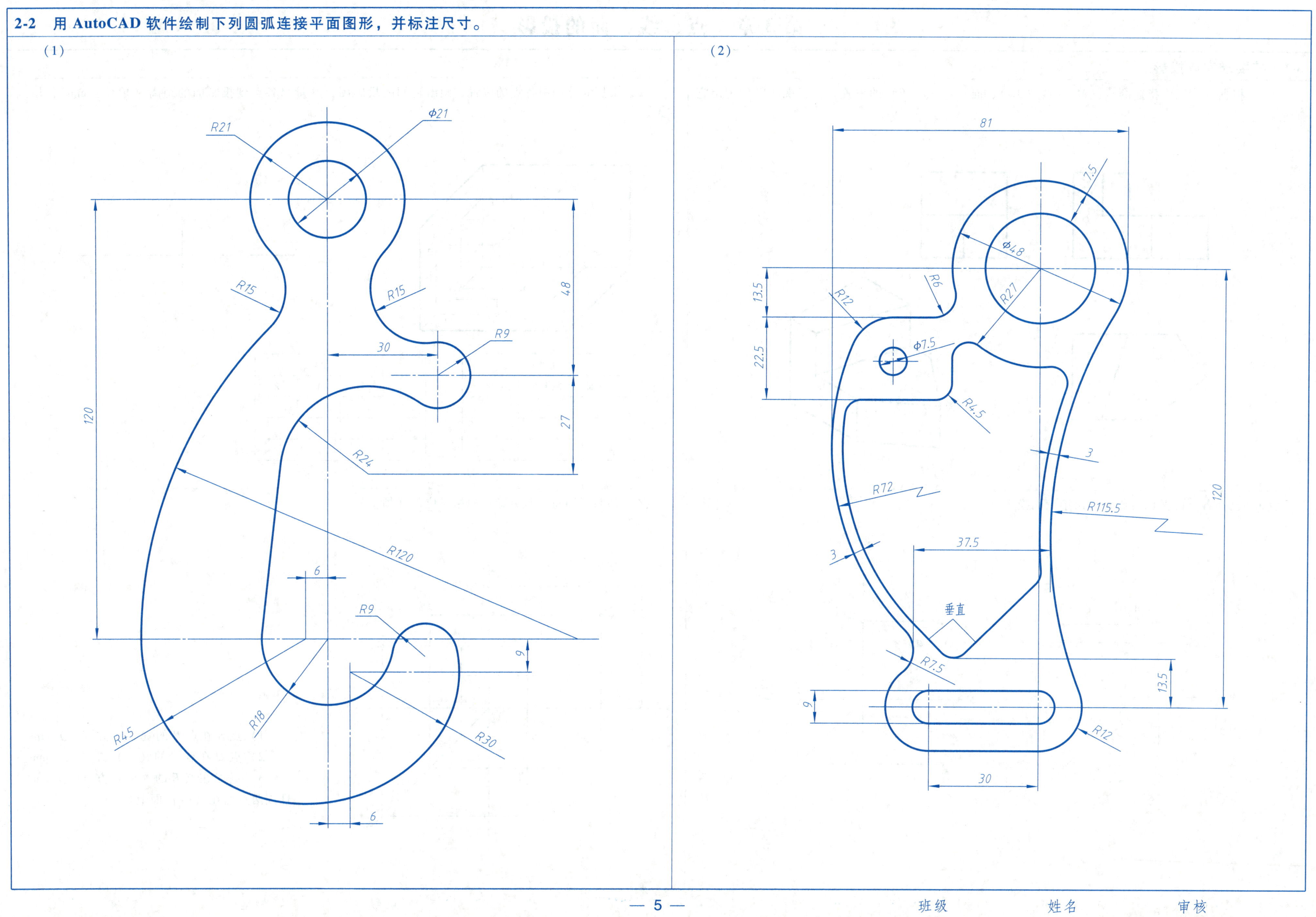

2-2 用 AutoCAD 软件绘制下列圆弧连接平面图形，并标注尺寸。
(1)
R21
Φ21
R15
R15
48
30
R9
27
120
R24
R120
6
R9
9
R45
R18
R30
6
(2)
81
7.5
Φ48
13.5
R6
R12
R27
22.5
Φ7.5
R4.5
3
R72
R115.5
120
3
37.5
垂直
R7.5
13.5
9
R12
30
班级
姓名
审核

第 3 章　点、线、面的投影

3-1　按要求完成投影。

（1）根据立体图中指定的点（M）、线（AB）、面（P、Q、R）的位置，在三视图中标记出它们的投影。

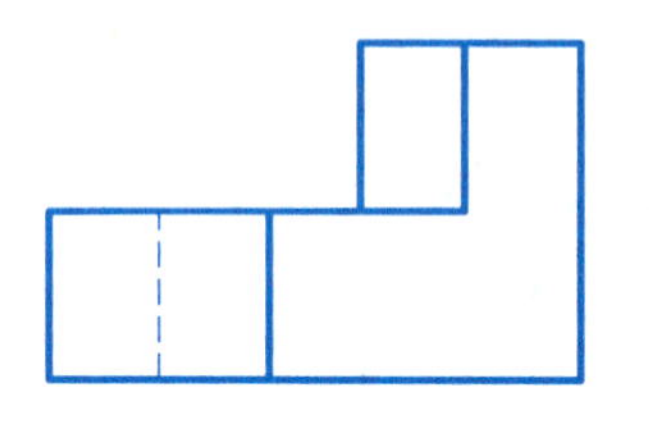

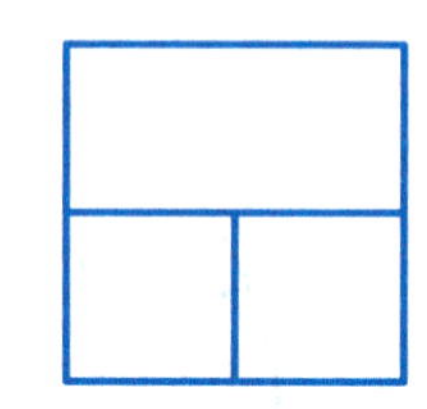

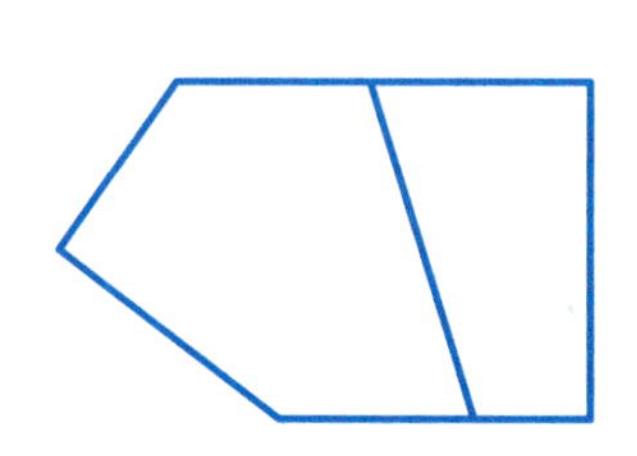

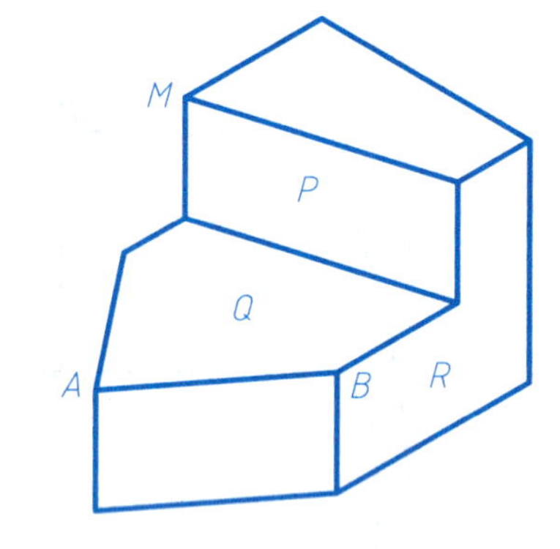

（2）根据立体图中各点的位置，画出它们的投影图，并量出各点到投影面的距离（单位：mm），填入下表。

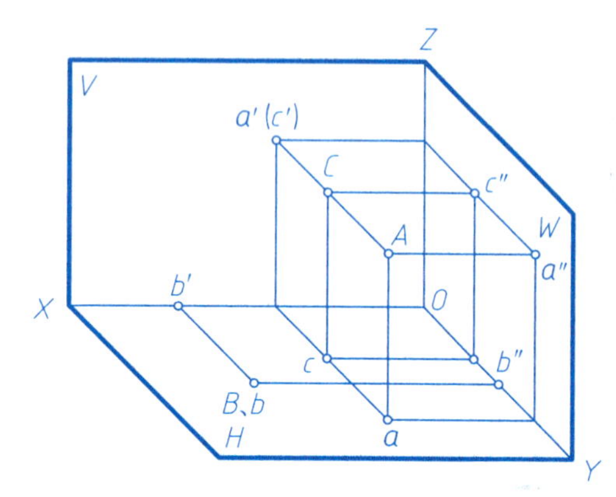

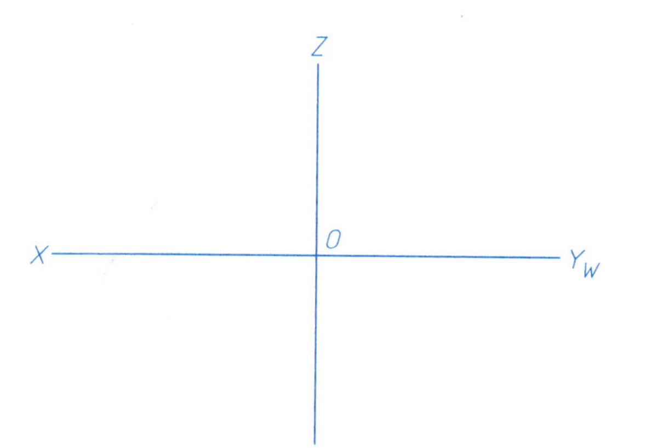

点	距离		
	距 H 面	距 V 面	距 W 面
A			
B			
C			

点	坐标		
	X	Y	Z
A			
B			
C			

（3）已知各点的两面投影，画出第三面投影。

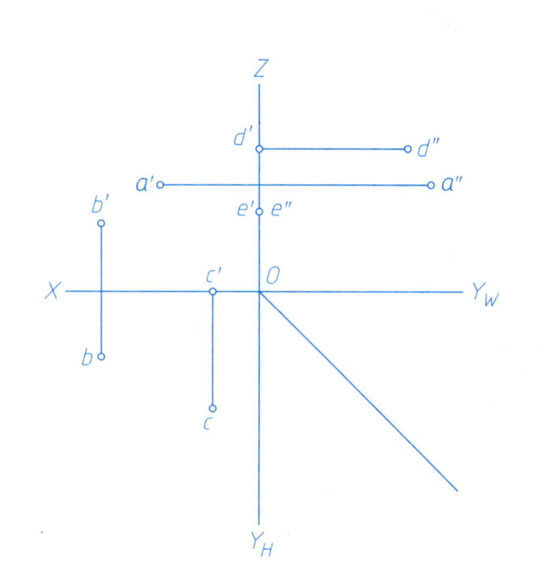

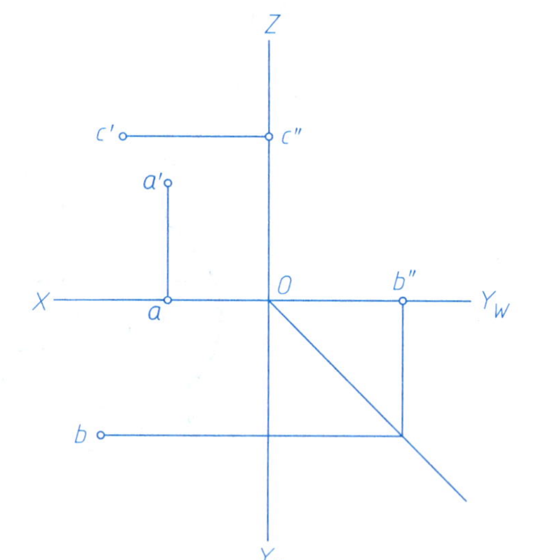

（4）判断下列每一对重影点的相对位置（填空）。

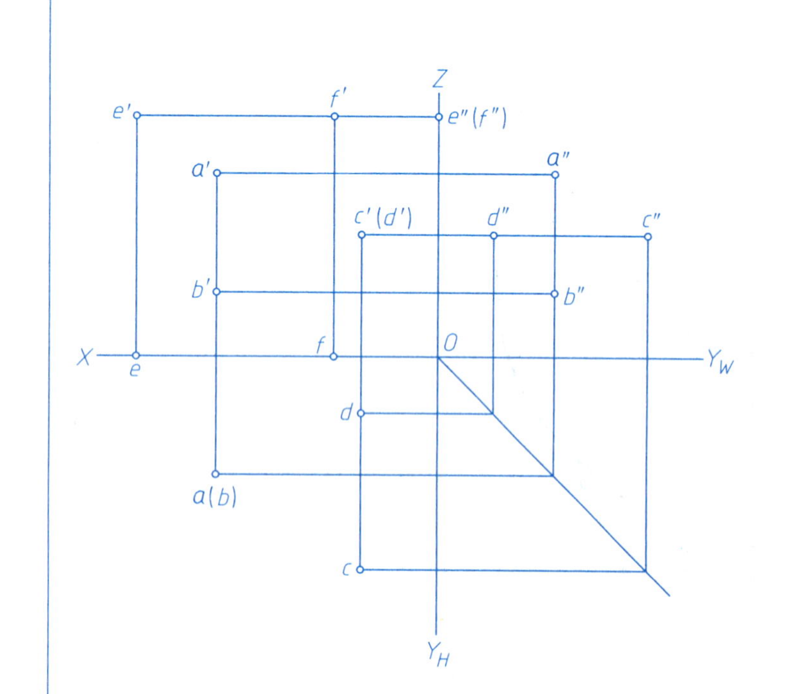

1）点 A 在点 B 的（　）方（　）mm。

2）点 D 在点 C 的（　）方（　）mm。

3）点 F 在点 E 的（　）方（　）mm，且该两点均在（　）面上。

班级　　　　姓名　　　　审核

3-2 根据已知条件求作直线的投影。

（1）画出直线的第三投影，判断各直线对投影面的相对位置（填空），并标出投影面平行线对另外两个投影面的夹角。

1）

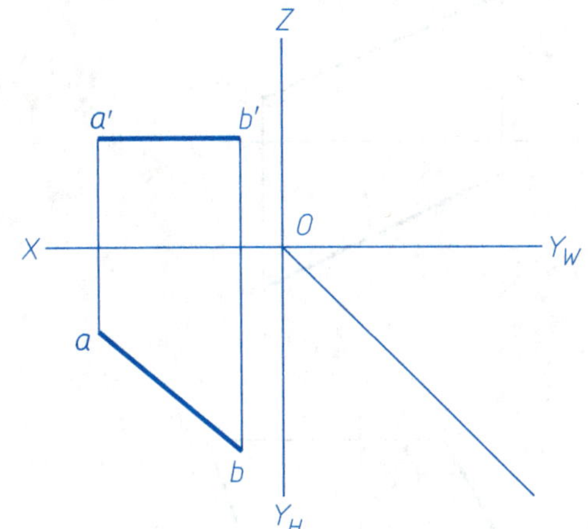

AB 是________线。

2）

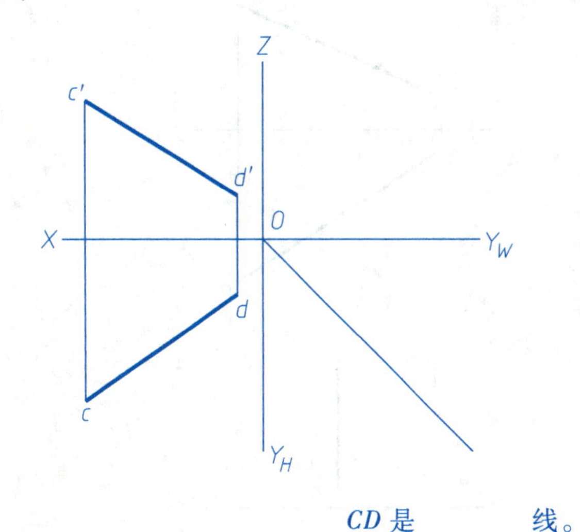

CD 是________线。

3）

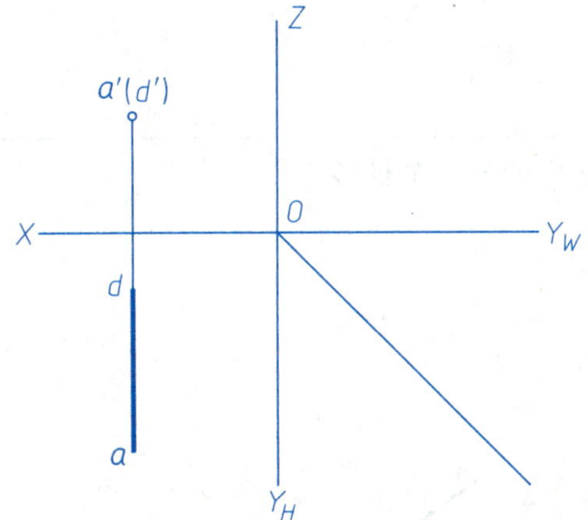

AD 是________线。

4）

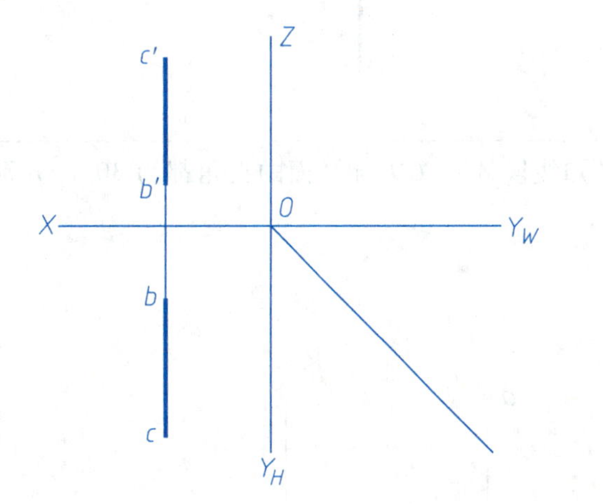

BC 是________线。

5）

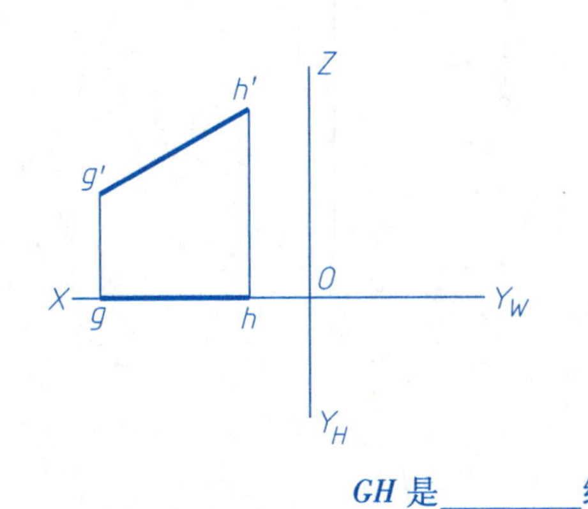

GH 是________线。

6）

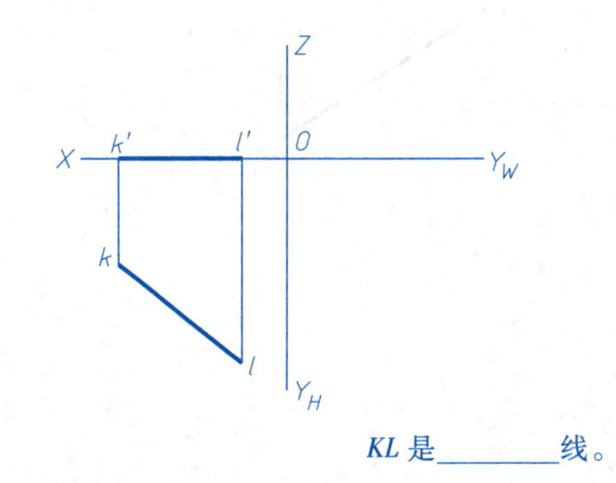

KL 是________线。

（2）按要求作出下列各直线的投影图（只画出一解，并分析各题有几解）。

1）过点 A 作水平线 AB = 25mm，$\gamma = 30°$。

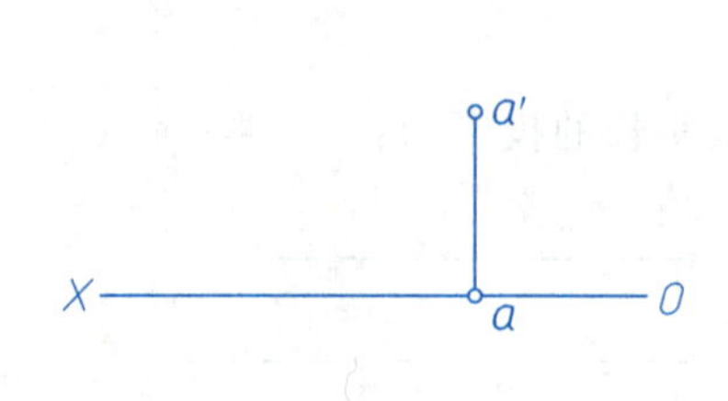

有________解。

2）过点 C 作侧平线 CD = 25mm，$\alpha = 60°$。

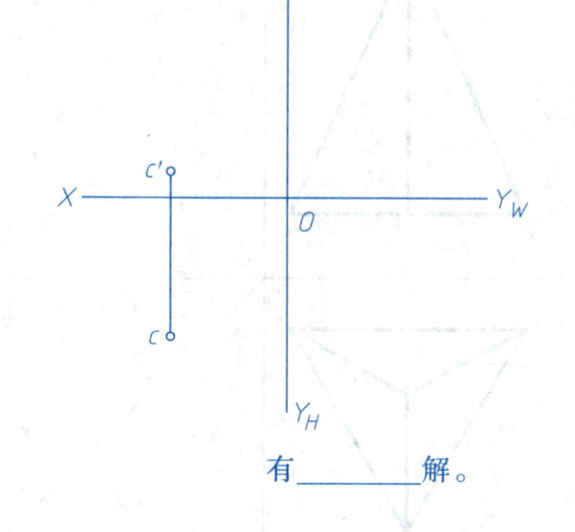

有________解。

3）过点 E 作正平线 EF = 15mm，$\alpha = 60°$。

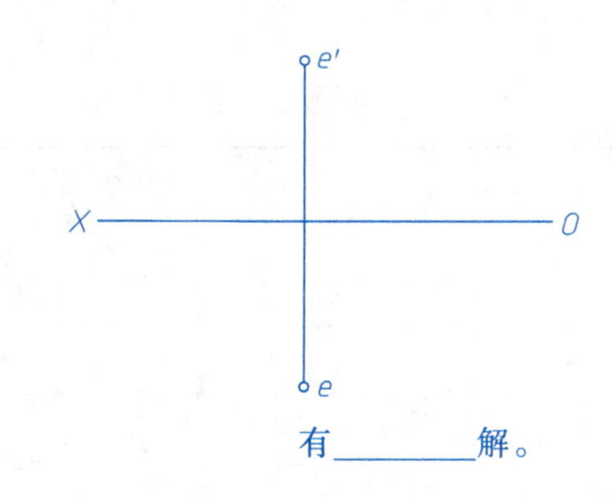

有________解。

4）过点 K 作侧垂线 KL = 20mm。

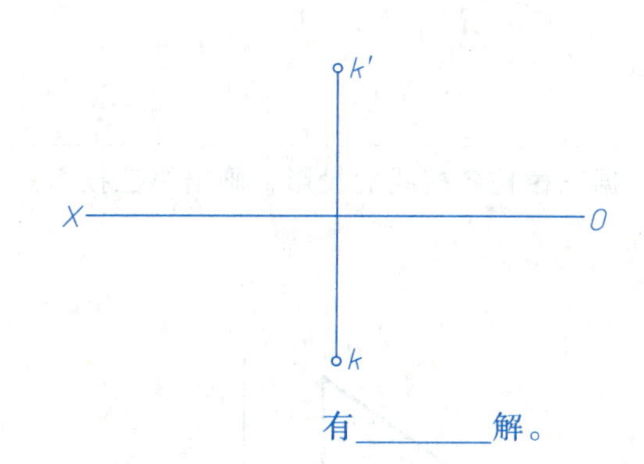

有________解。

5）过点 M 作铅垂线，MN = 25mm。

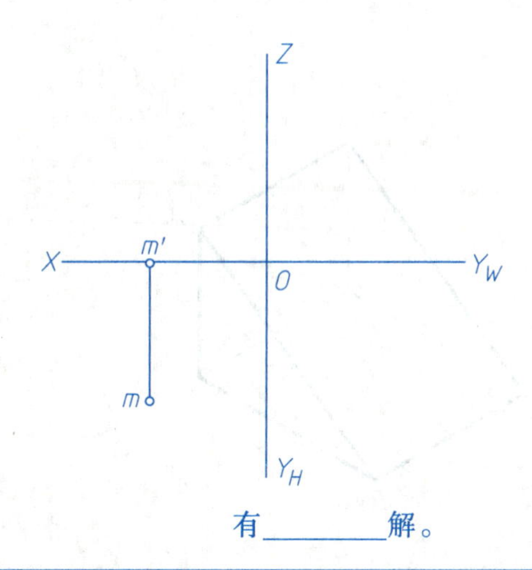

有________解。

6）过点 G 作正平线 GH = 30mm，$\gamma = 30°$。

X g′ O
g

有________解。

班级　　　　姓名　　　　审核

3-3 求直线的实长与平面的夹角。

（1）补画三棱锥的侧面投影，在顶点处标出相应的字母，并写出棱线反映实长的投影。

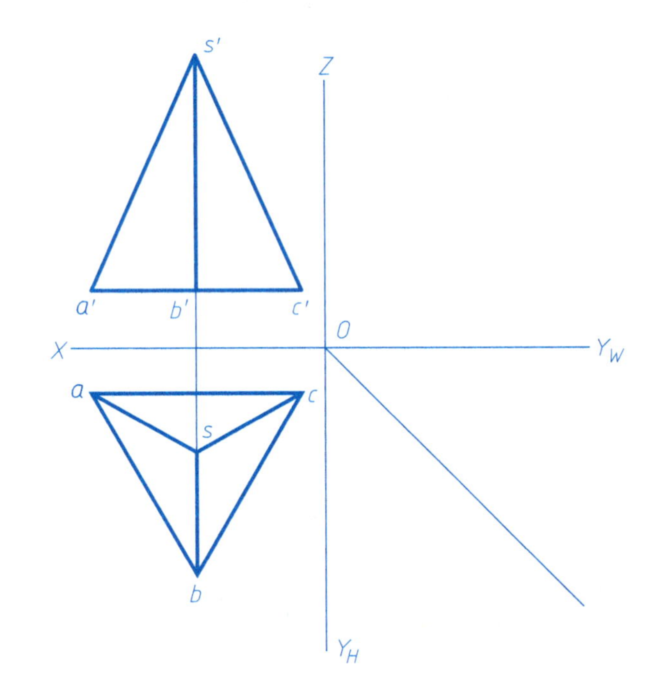

反映实长的投影为：

______

______

______

______

______

（2）求下列各线段的实长，并求直线 *AB*、*EF* 对 *H* 面的倾角 α，直线 *CD*、*GH* 对 *V* 面的倾角 β。

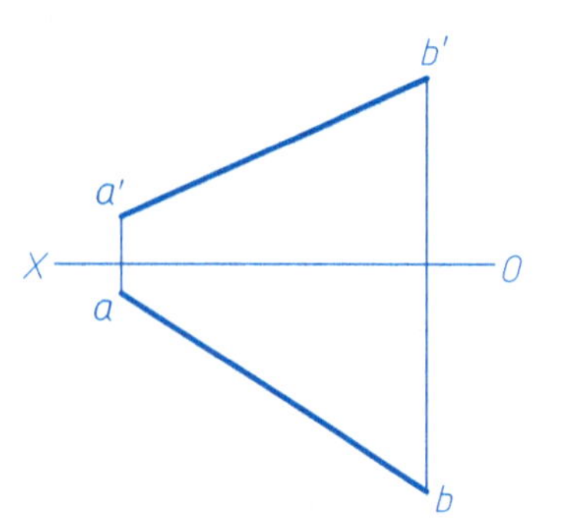

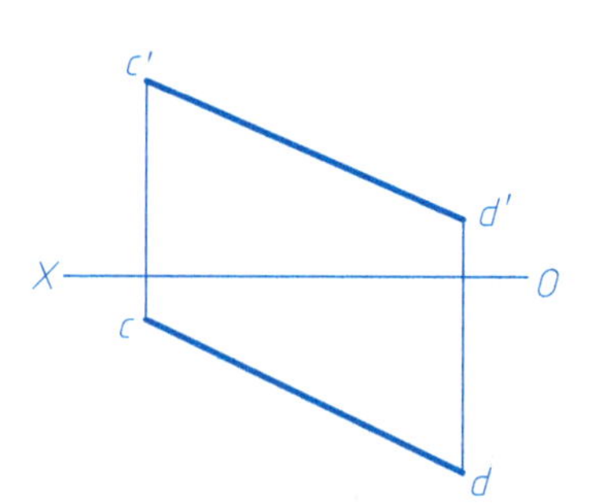

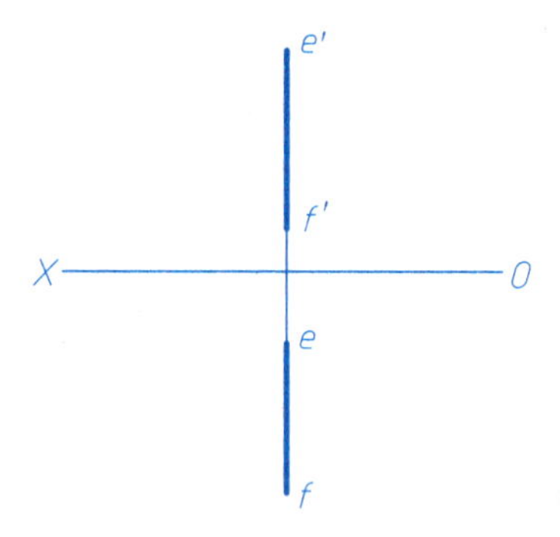

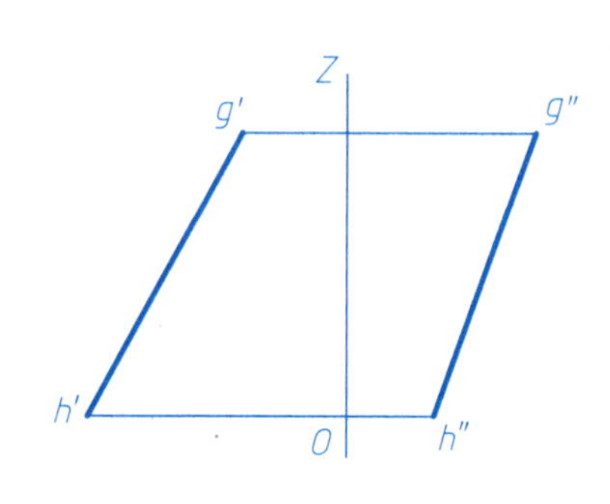

（3）根据三棱柱各棱线的投影，画出第三投影。

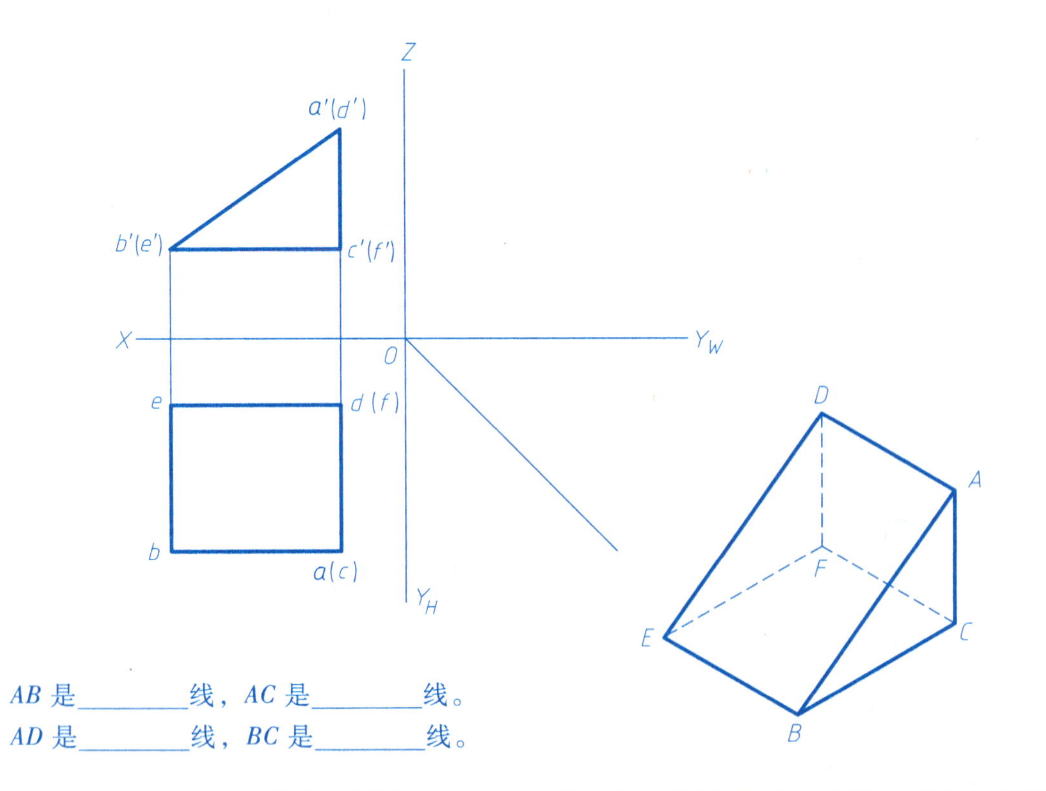

AB 是________线，*AC* 是________线。

AD 是________线，*BC* 是________线。

（4）已知线段 *AB*、*CD* 与 *H* 面的夹角都为 30°，分别求出它们的另一个投影。

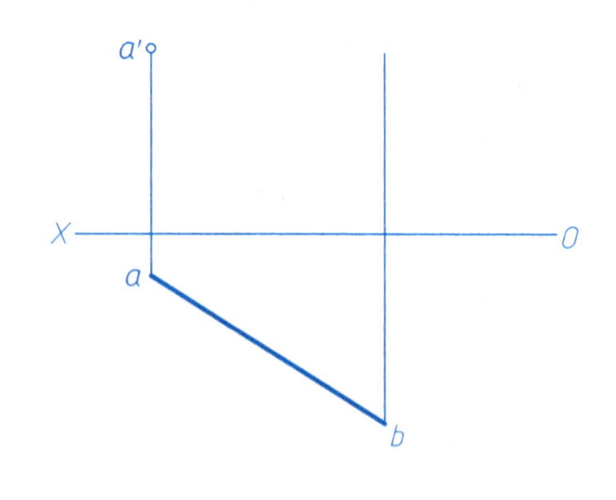

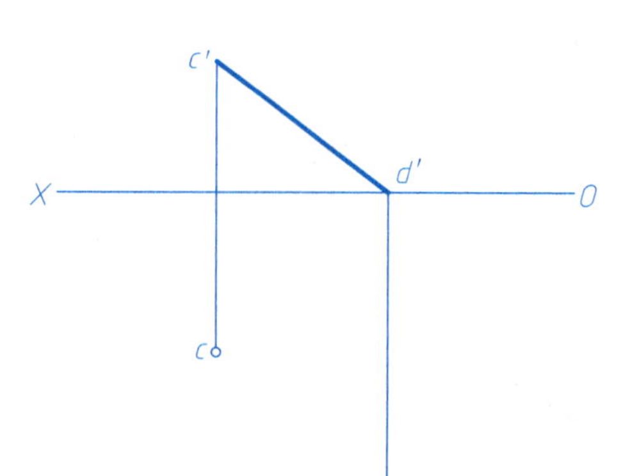

班级　　　　姓名　　　　审核

3-4 直线上的点、直线与直线的位置关系。

（1）在已知的直线 AB 上确定一点 C，使 $AC:CB=1:3$。

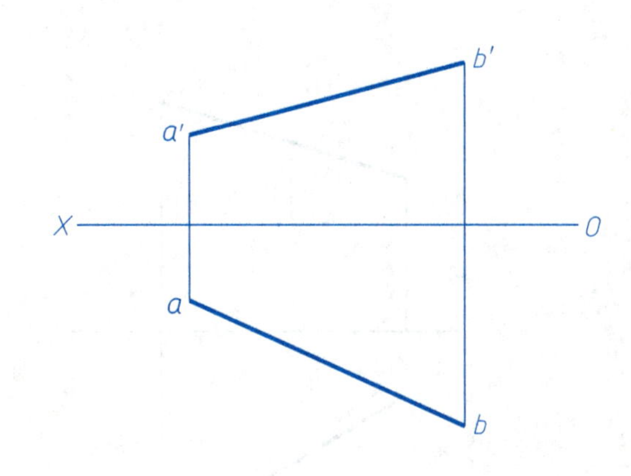

（2）在 CD 上求一点 M，使 $CM=25\text{mm}$。

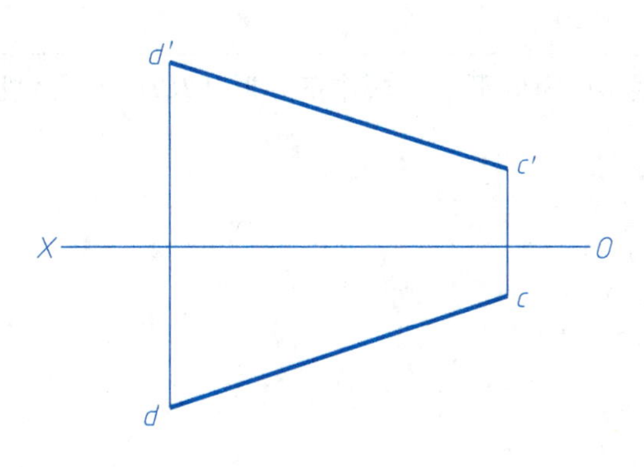

（3）已知线段 KM 的实长为 40mm，及正面投影 $k'm'$ 和水平投影点 k，试在线段 KM 上确定一点 N，使 KN 的长度等于给定长度 L。

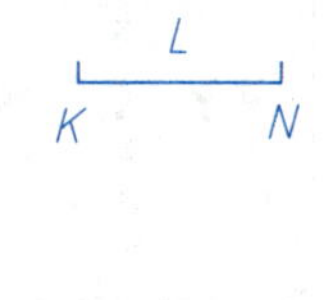

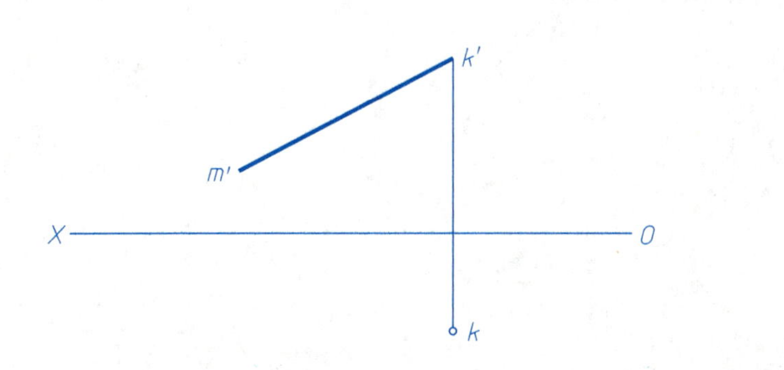

（4）判别两直线的相对位置，并将答案写在指定位置。

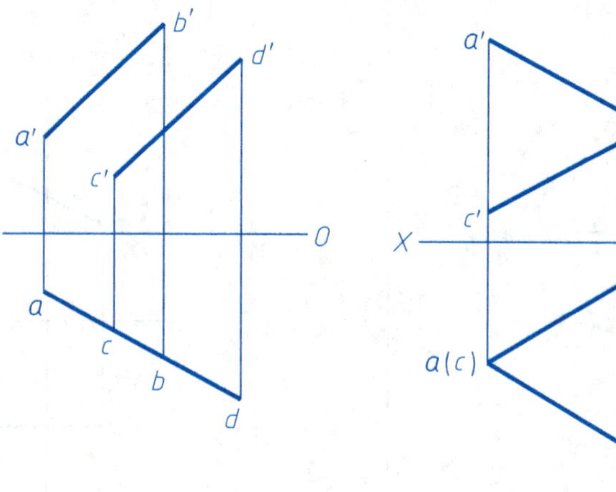

1）________

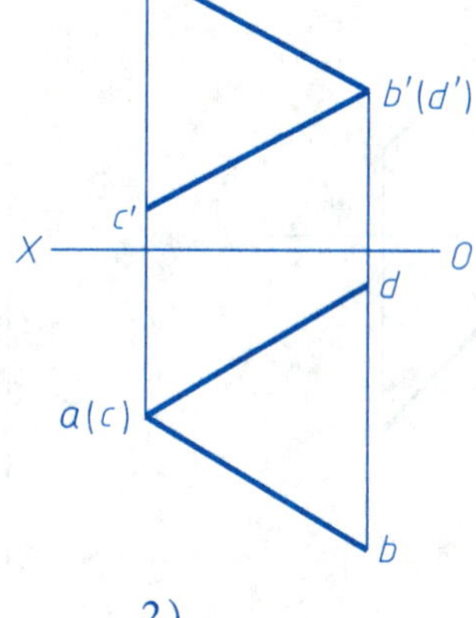

2）________

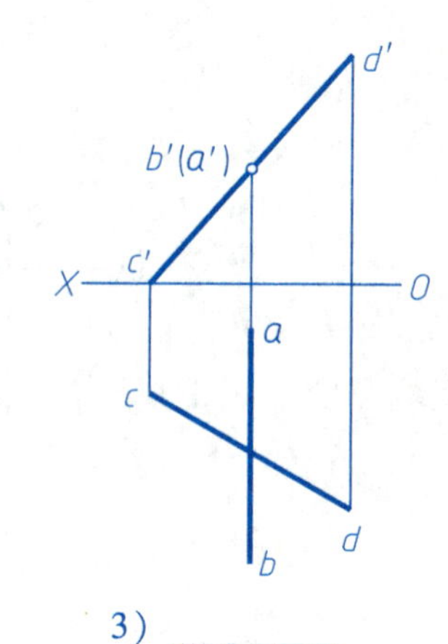

3）________

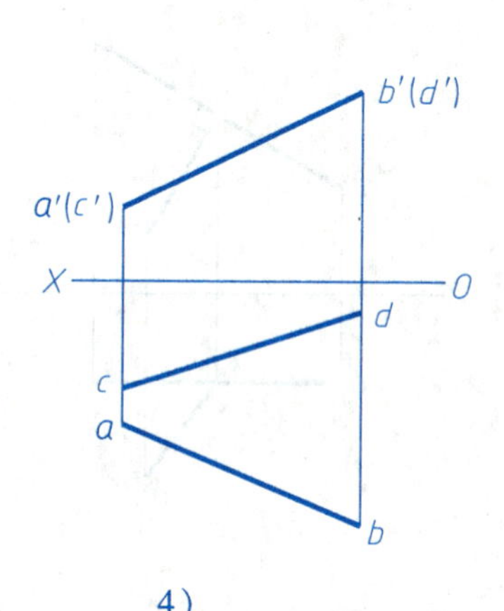

4）________

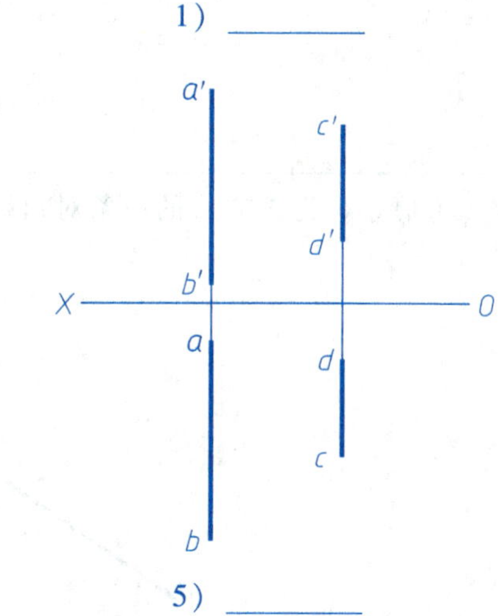

5）________

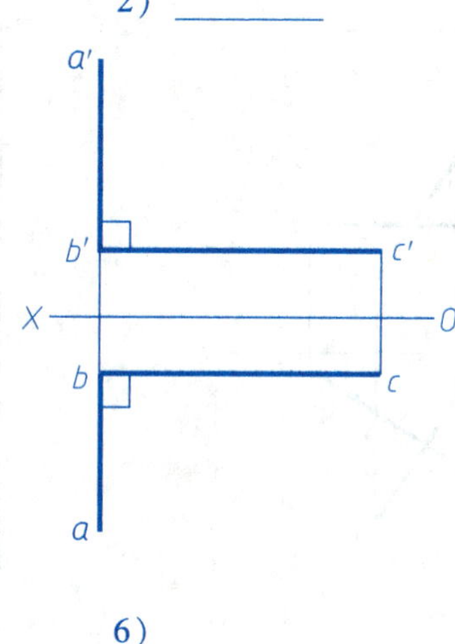

6）________

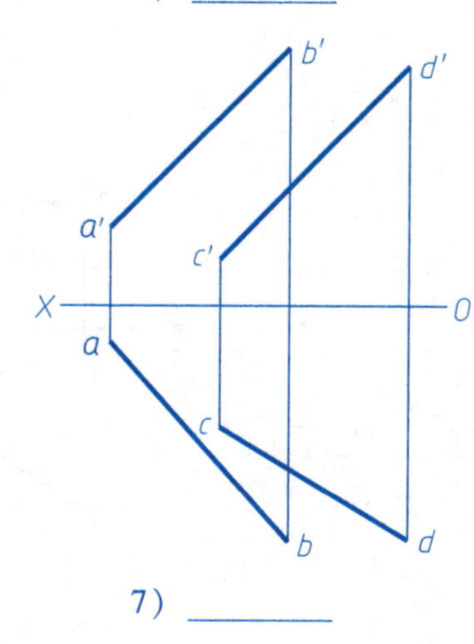

7）________

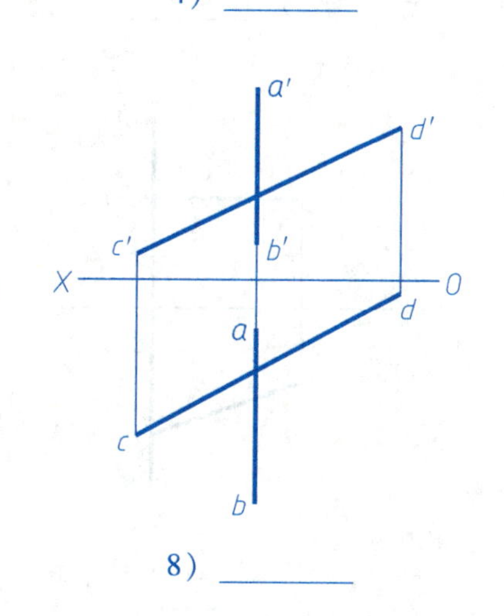

8）________

（5）作图判断下列直线 AB 与 CD、MN 与 EF 在空间的相对位置，并将答案写在指定的位置。

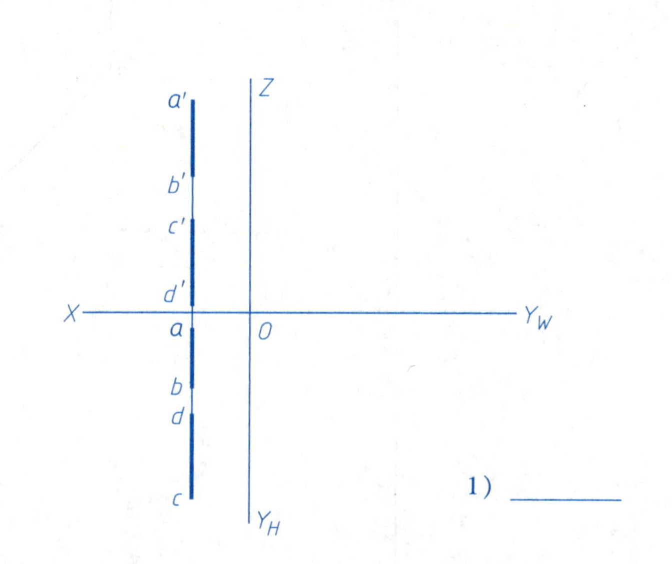

1）________

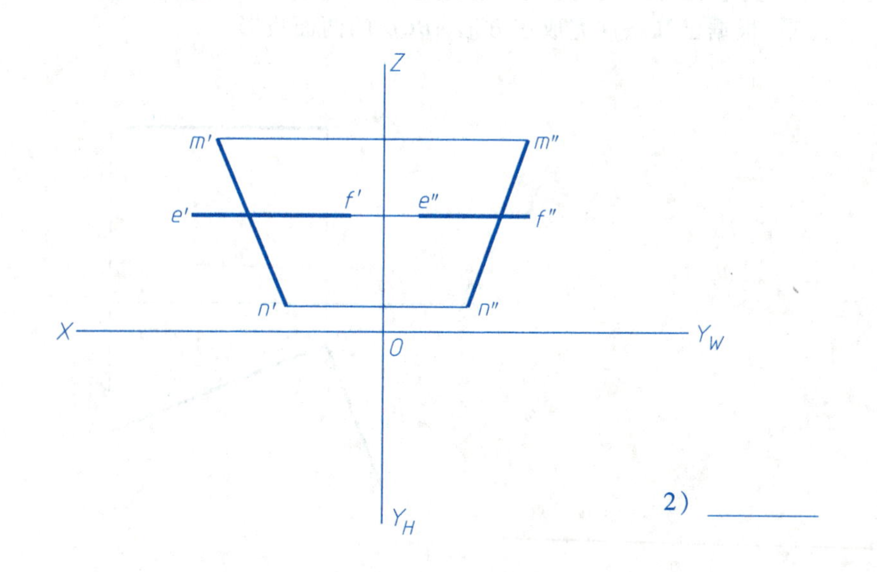

2）________

班级　　　　姓名　　　　审核

3-5　直线的直角投影及其应用。

（1）判别下列各题中两直线是否垂直，并将答案写在指定位置。

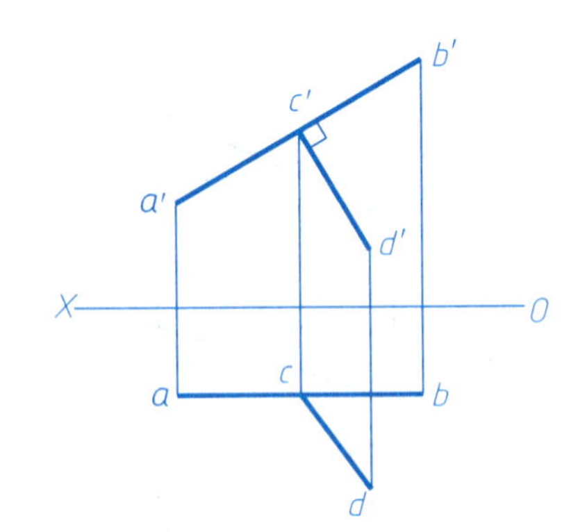

1）________

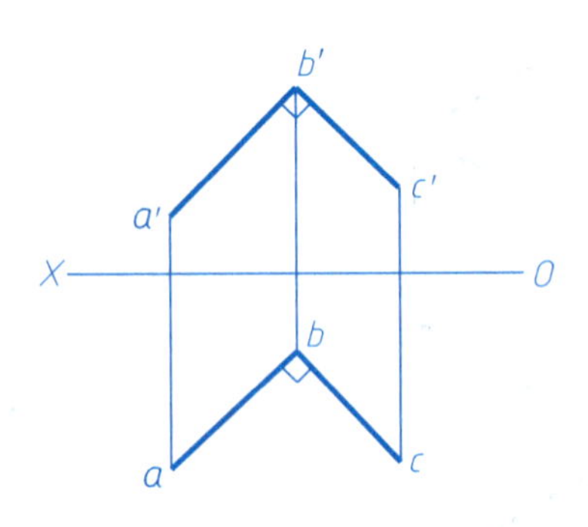

2）________

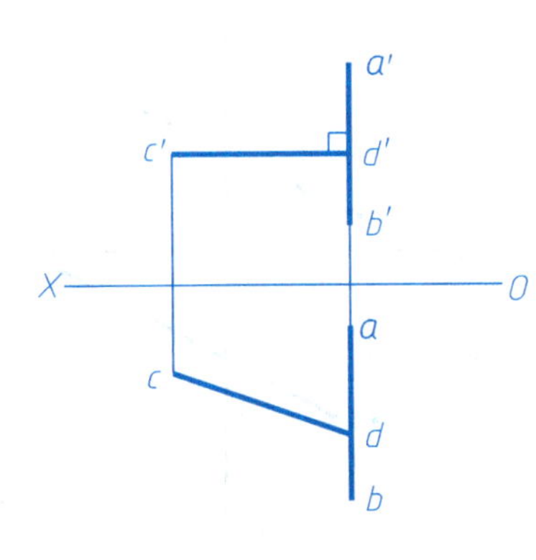

3）________

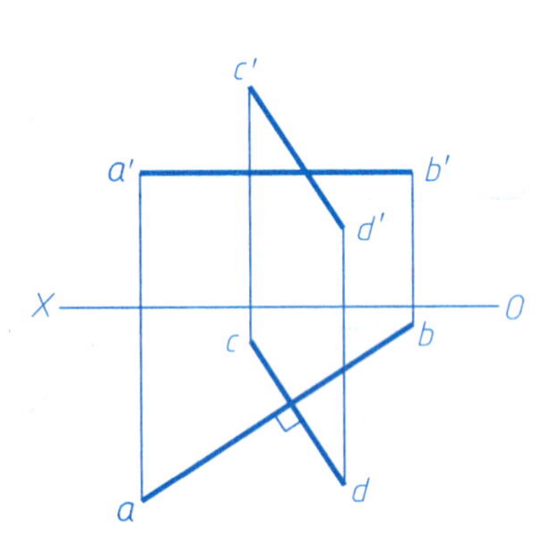

4）________

（3）根据已知条件完成正方形 *ABCD* 的两面投影。

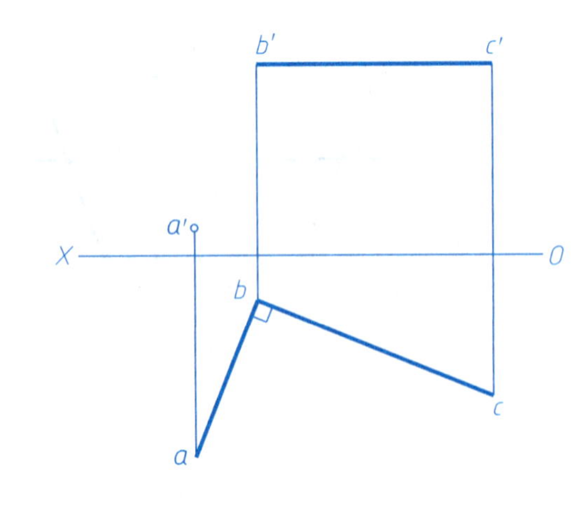

（2）分别过点 *K*、*P* 作直线 *KF*、*PT*，使其分别与直线 *AB*、*CD* 正交。

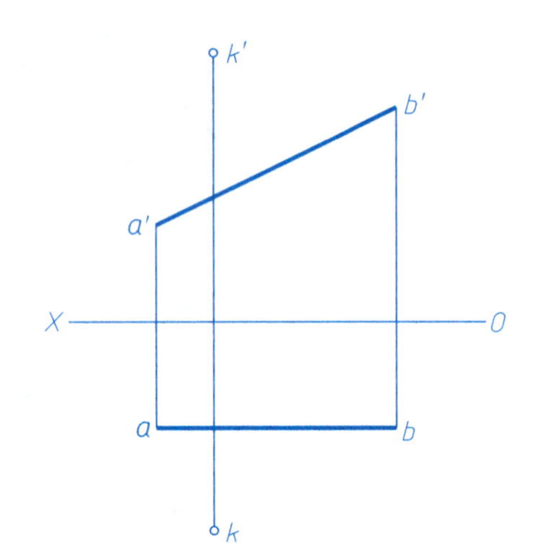

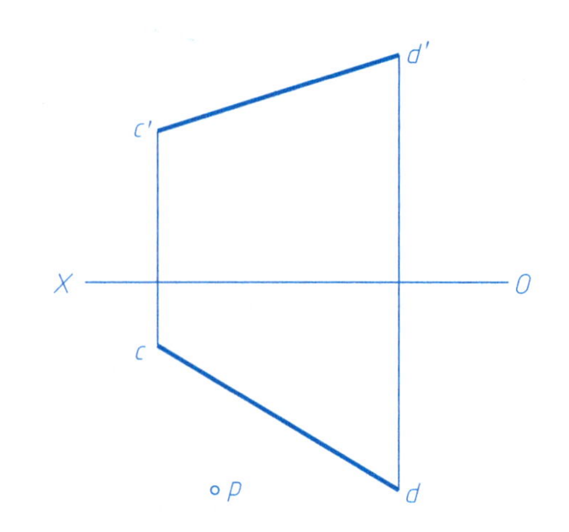

（4）*AC* 为正方形的一条对角线，其另一条对角线 *BD* 为侧平线，求作正方形 *ABCD* 的三面投影。

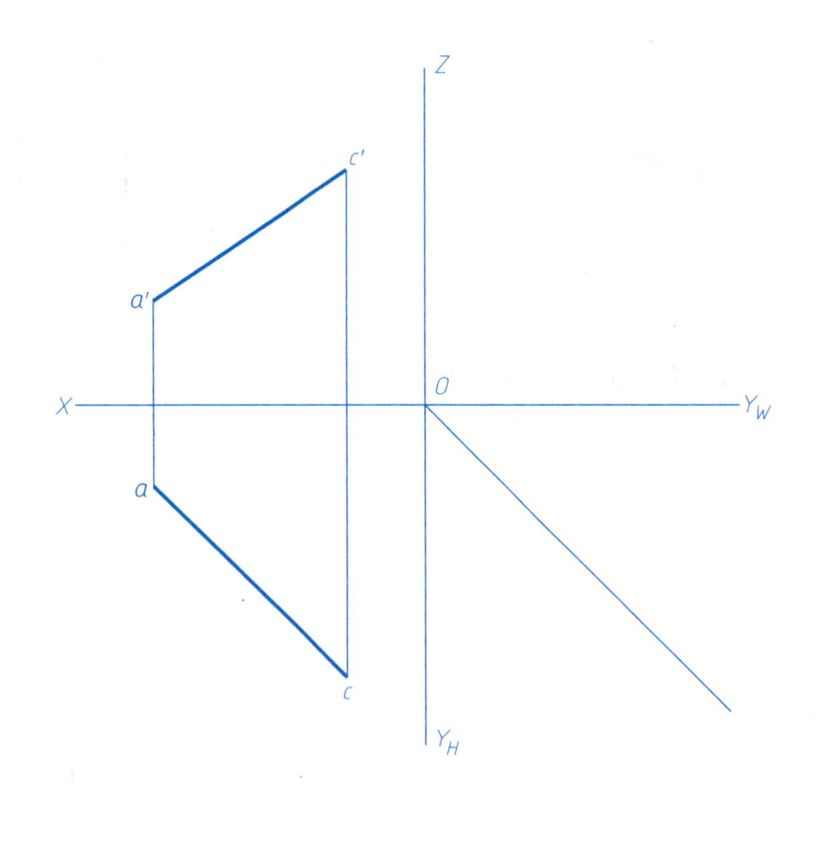

班级　　　　　姓名　　　　　审核

3-6 根据条件求平面的投影。

（1）已知平面的两个投影，求其第三投影，并判断各平面对投影面的相对位置，将结果写在横线上。

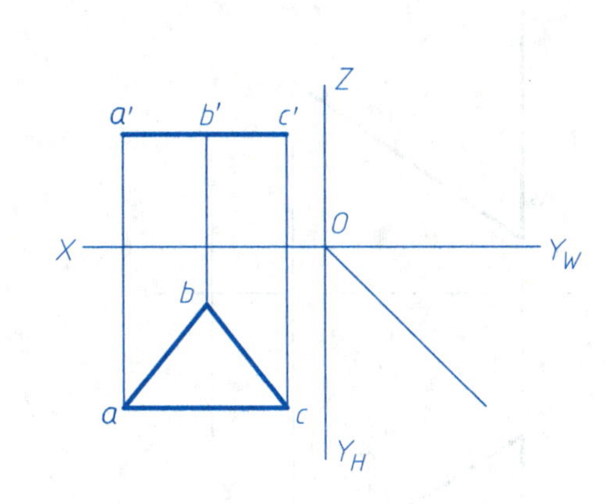

1）________

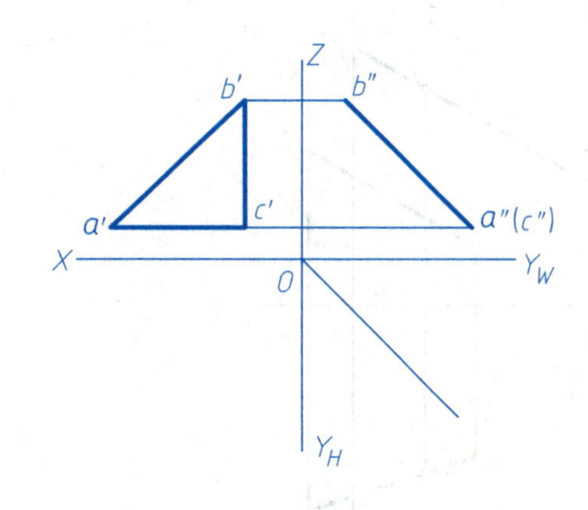

2）________

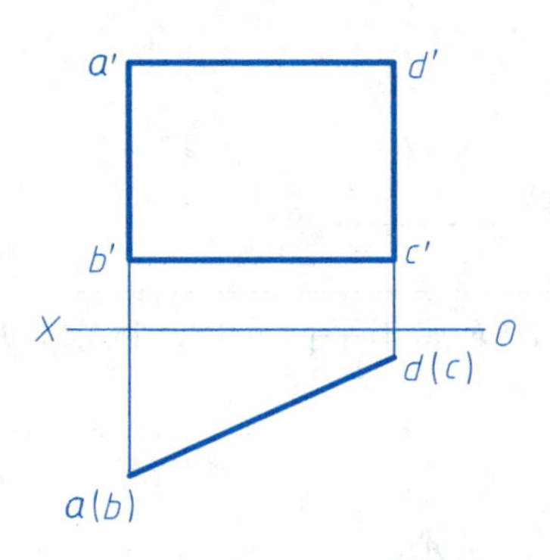

3）________

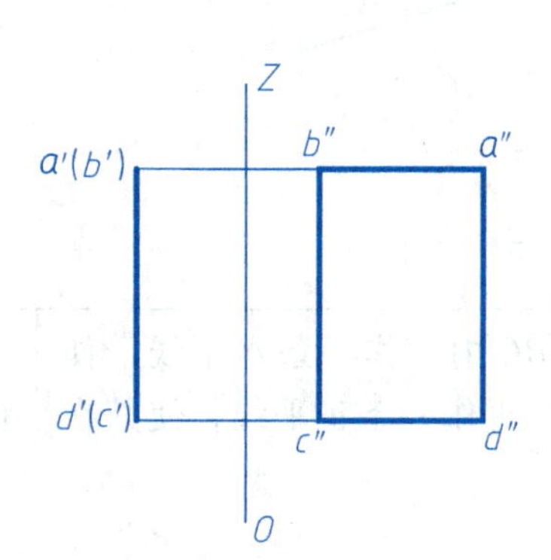

4）________

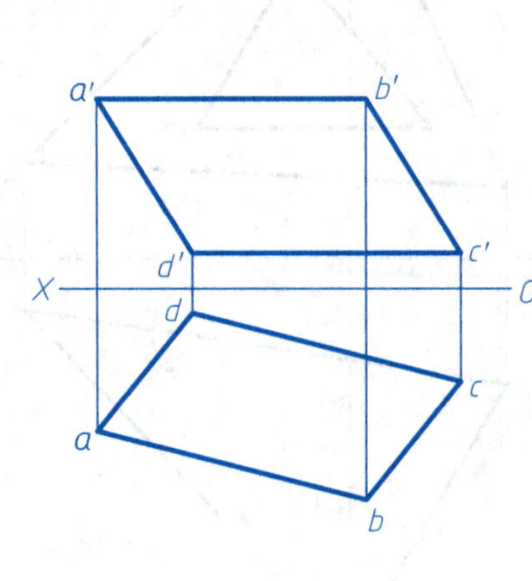

5）________

6）________

（2）按已知条件完成下列各平面的三面投影。

1）铅垂面 $\beta=30°$。

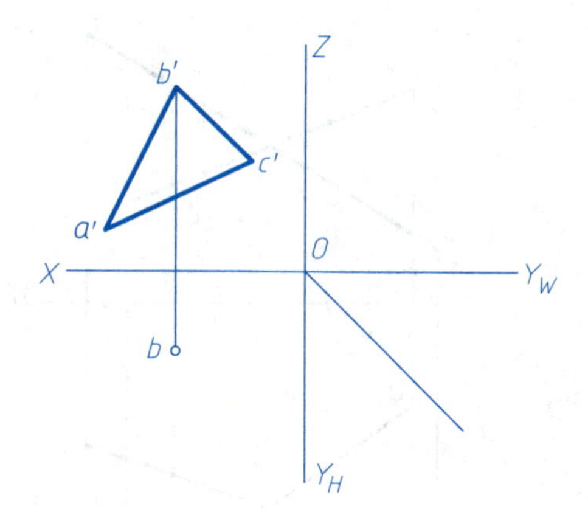

2）正平面。

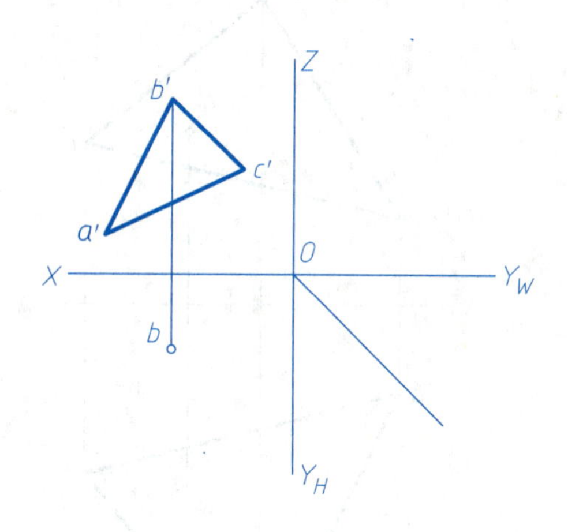

3）侧垂面 $\alpha=60°$。

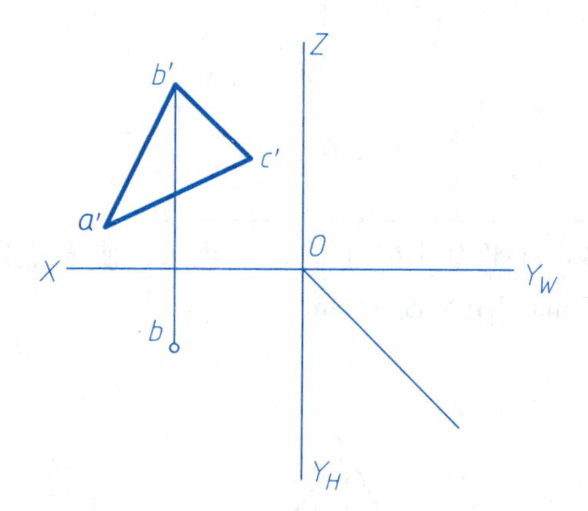

4）一般位置平面。

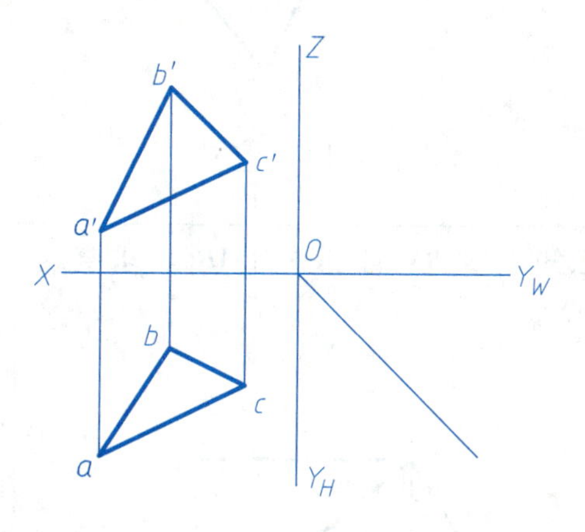

5）侧平面。

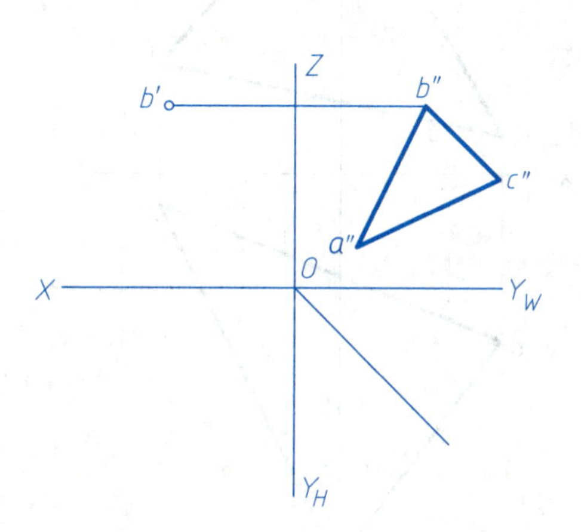

6）正垂面 $\gamma=45°$。

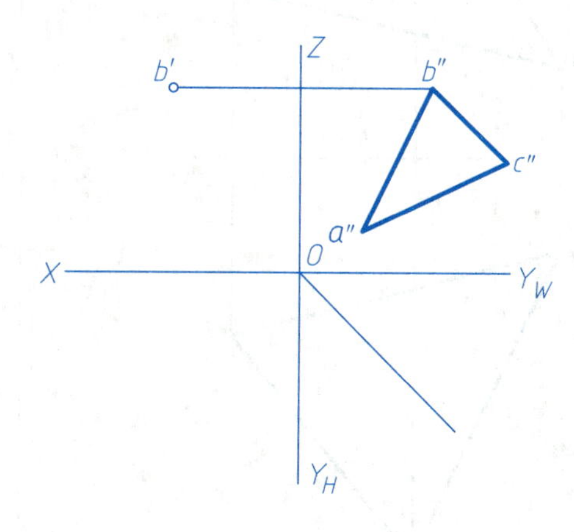

班级　　姓名　　审核

3-7　求下列点与平面、直线与平面间的相互关系及投影。

（1）判断点 K 是否属于平面，并将结果写在横线上。

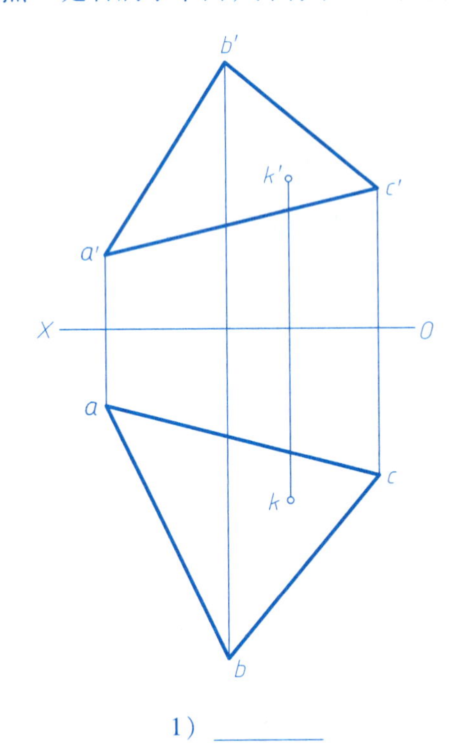

1）________

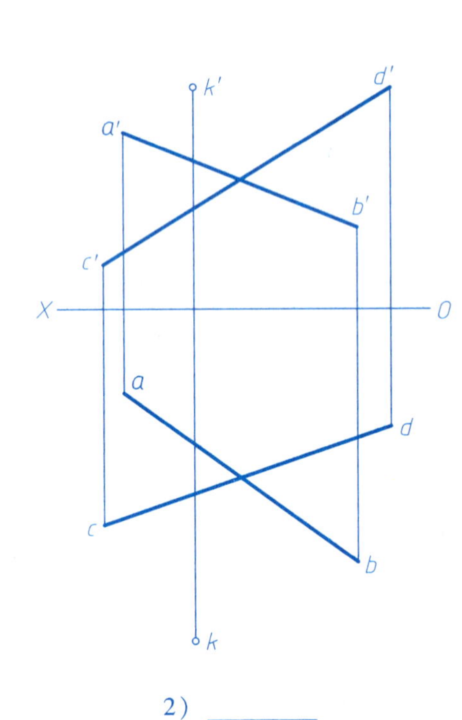

2）________

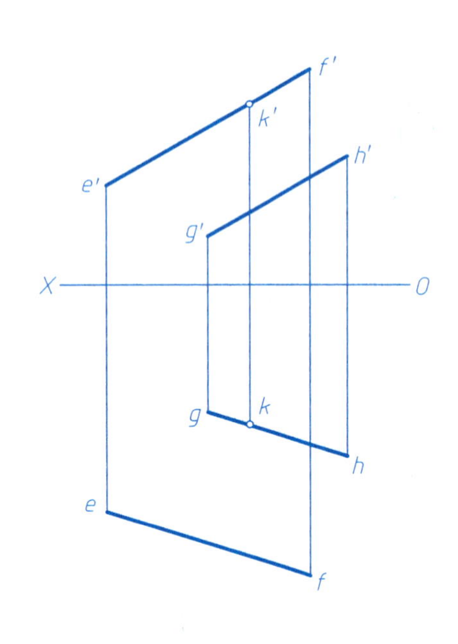

3）________

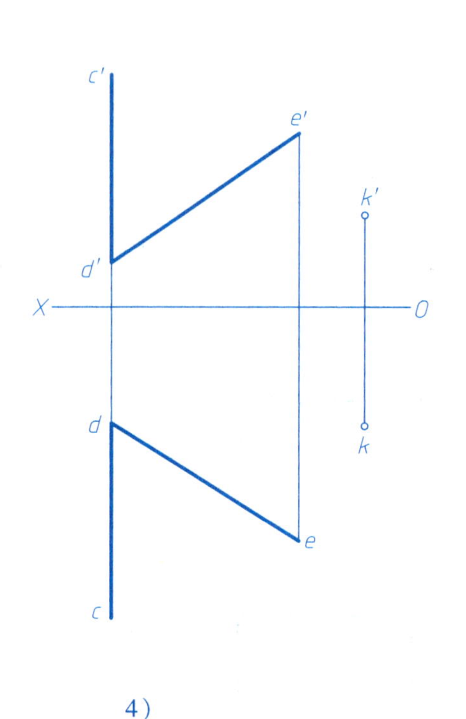

4）________

（2）已知直线 BK 属于平面 ABC，求直线 BK 的另一投影。

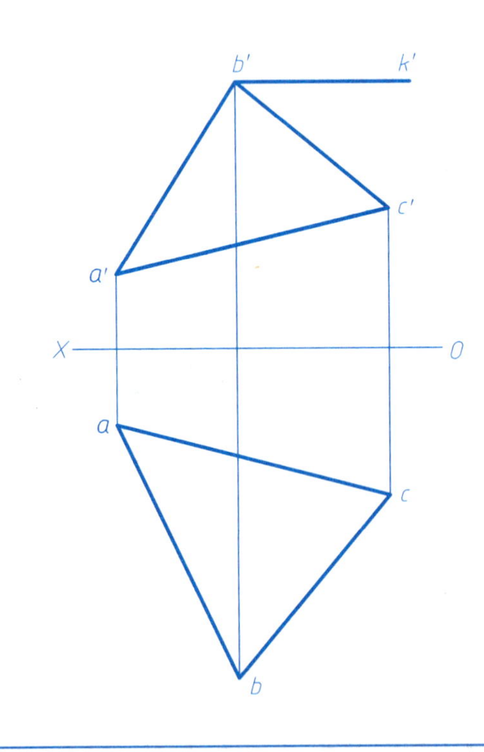

（3）在平面 ABC 上确定一点 K，使 K 点距 H 面 15mm，距 V 面 25mm。

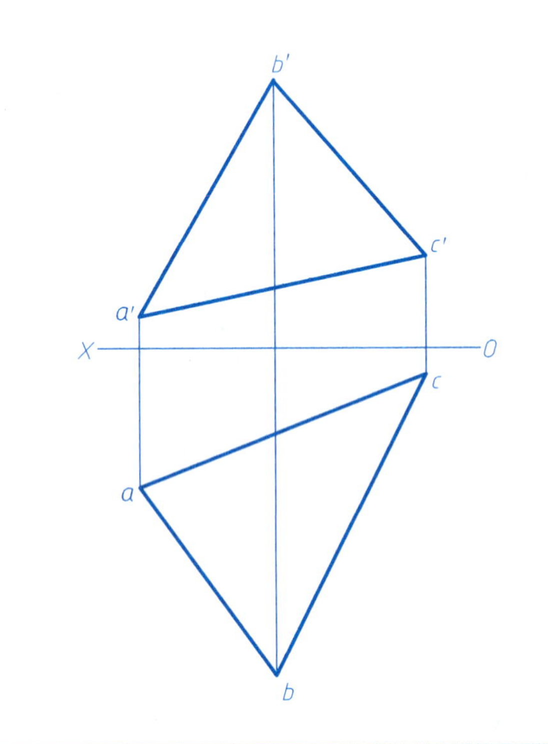

（4）试在平面 ABC 内，作一条水平线，使其在 H 面上方 20mm；再作一条正平线，使其在 V 面前 25mm。

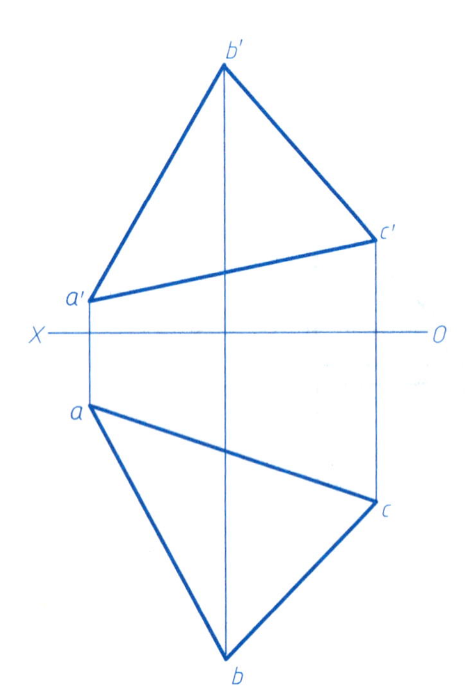

（5）已知△DEF 属于平面 ABC，试求△DEF 的另一投影。

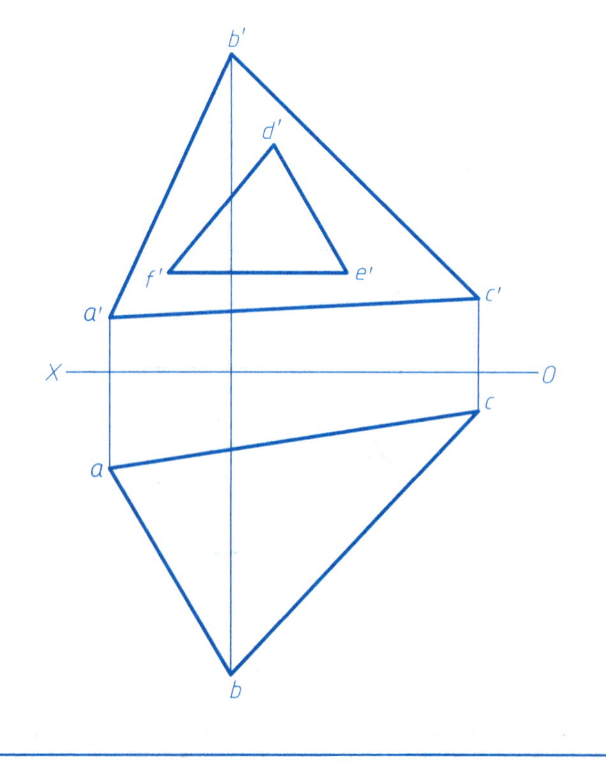

3-8 由已知条件求平面的投影，保留作图过程。

（1）已知平面四边形 *ABCD* 的水平投影，且 *BC* 为水平线，试完成该平面四边形的正面投影。

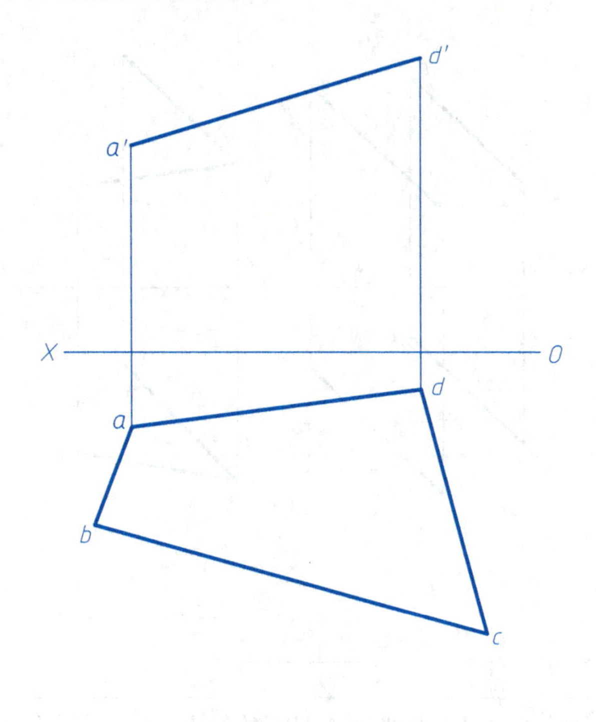

（2）已知△*ABC* 的水平投影，且 *AD* 是属于平面△*ABC* 的侧垂线，试完成平面△*ABC* 的正面投影。

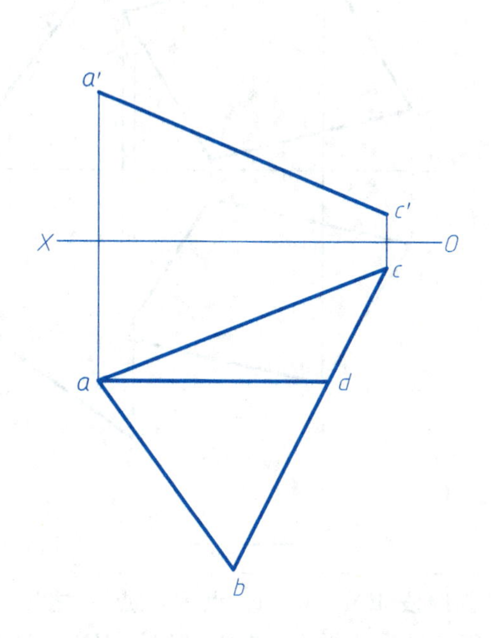

（3）试完成平面五边形 *ABCDE* 的水平投影。

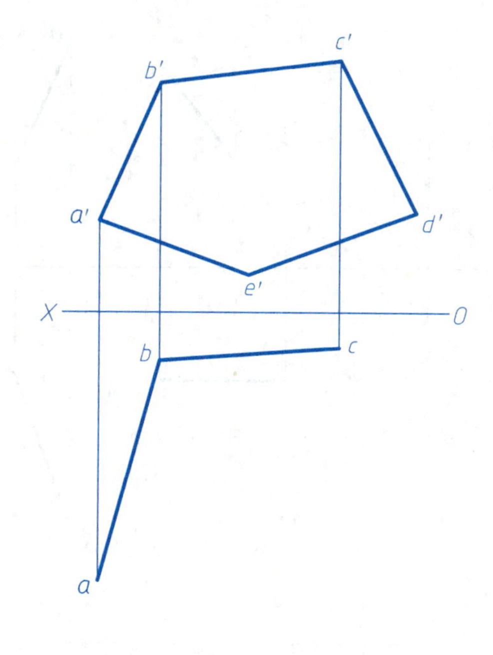

（4）作一平面平行于平面△*ABC*，且平行面间的距离为 *L*。

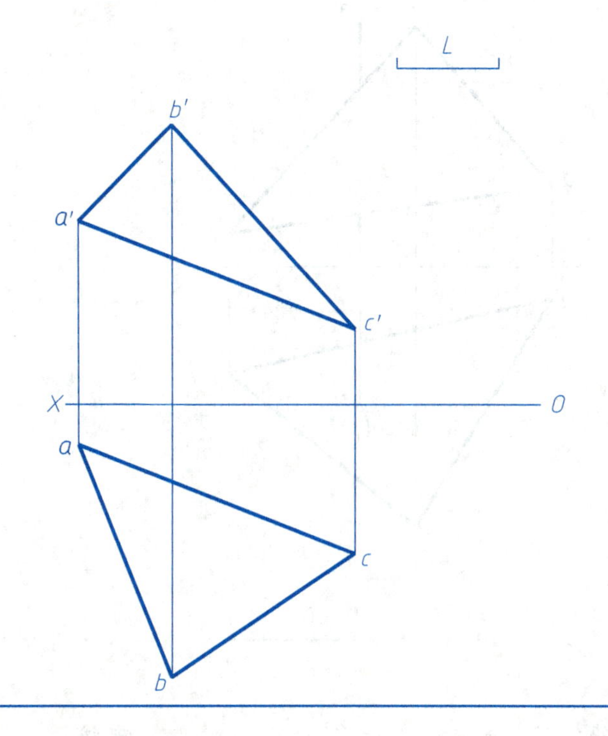

（5）过点 *K* 作平面平行于由 *AB* 与 *CD* 两相交直线确定的平面。

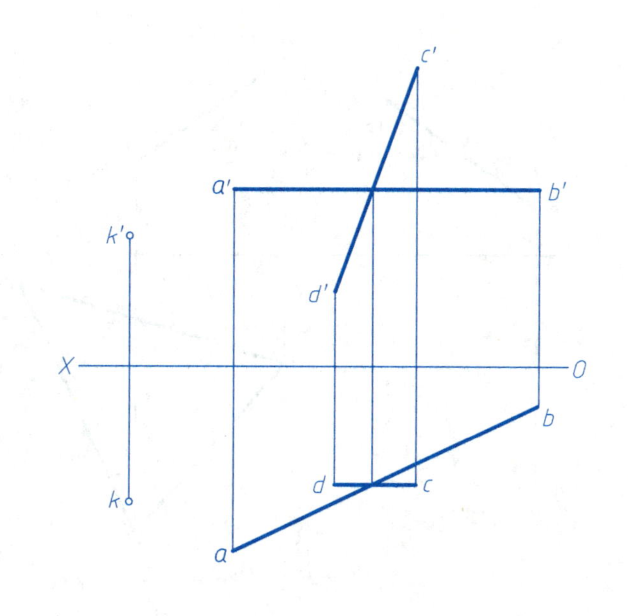

（6）过点 *K* 作一平面垂直于平面△*ABC* 并平行于直线 *DE*。

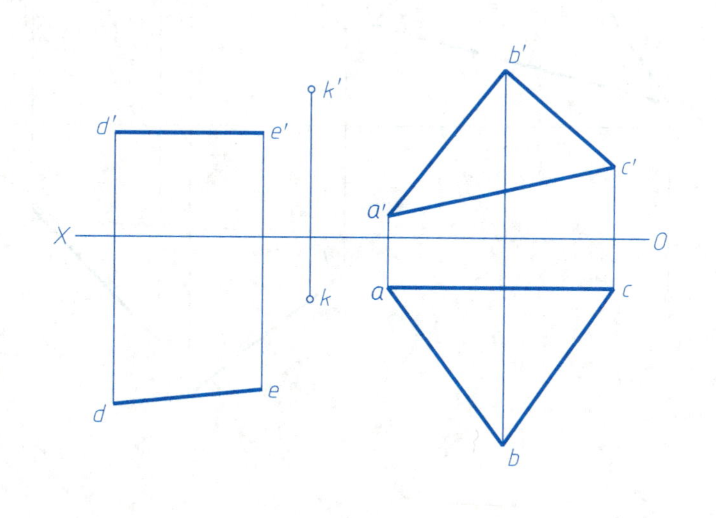

班级　　　　姓名　　　　审核

3-9 求下列各题（一）。

（1）过点 K 作一平面同时平行于直线 AB 和 CD。

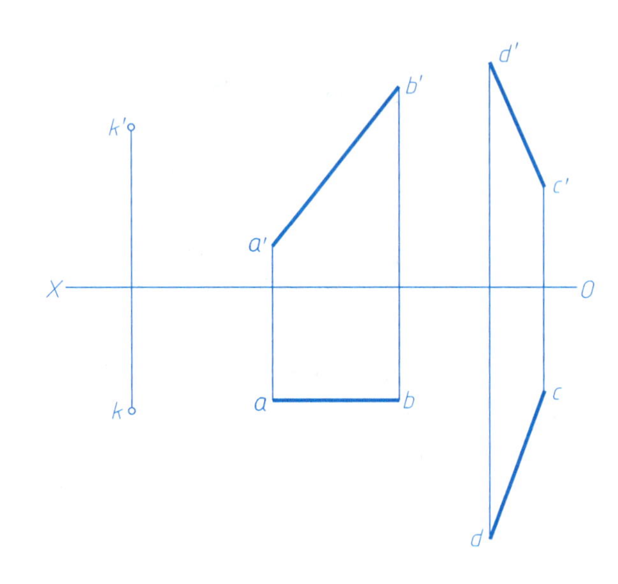

（2）判断直线 AB 是否平行于平面四边形 $CDEF$，并将结果写在横线上。

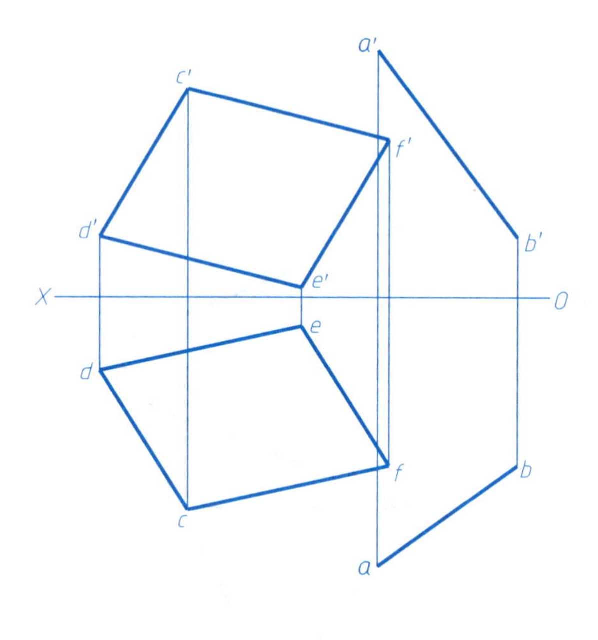

（3）判断两平面是否平行，并将结果写在横线上。已知两平面分别为直线 AB 和 CD，以及直线 EF 和 FG 所确定的平面。

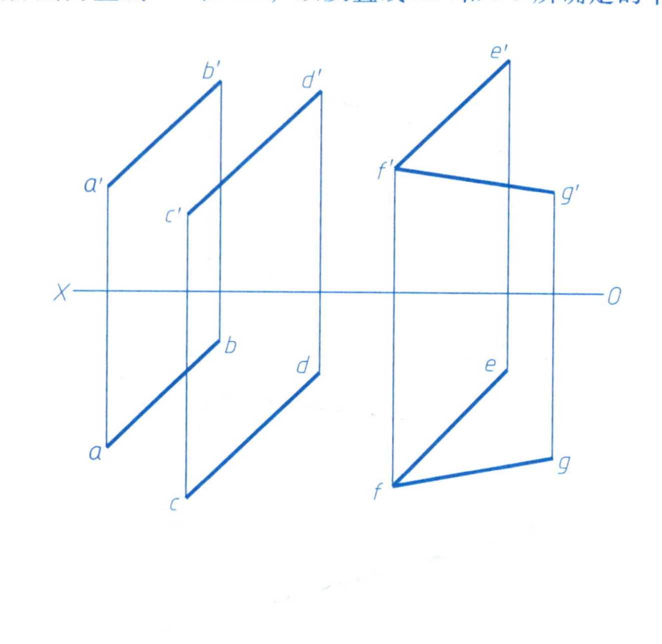

（4）已知平面△ABC 与直线 DE、FG 平行，试完成其水平投影。

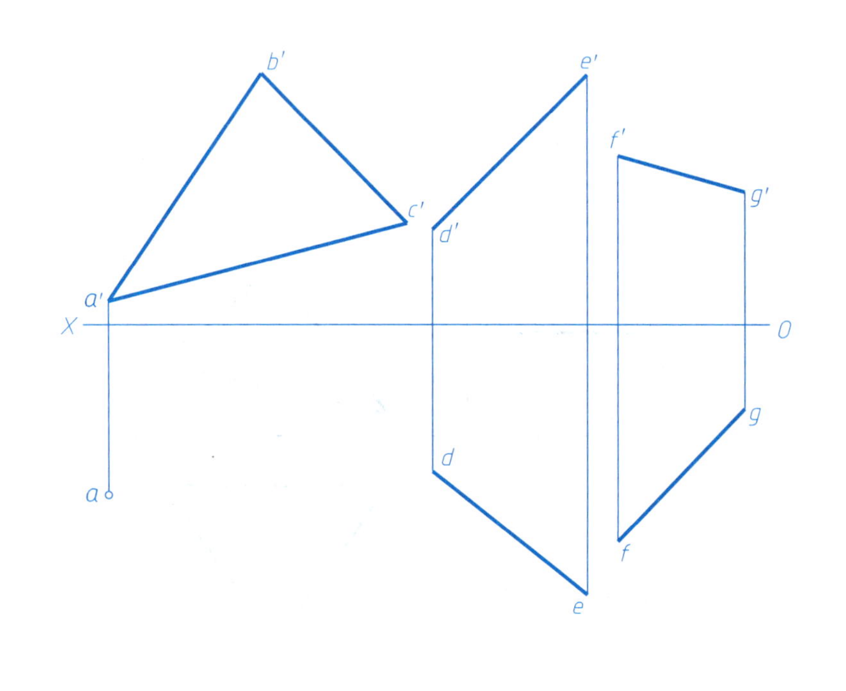

（5）已知线段 MN=30mm，点 N 在点 M 之后，且线段 MN 与平面△ABC 平行，试完成平面△ABC 和线段 MN 的两面投影图。

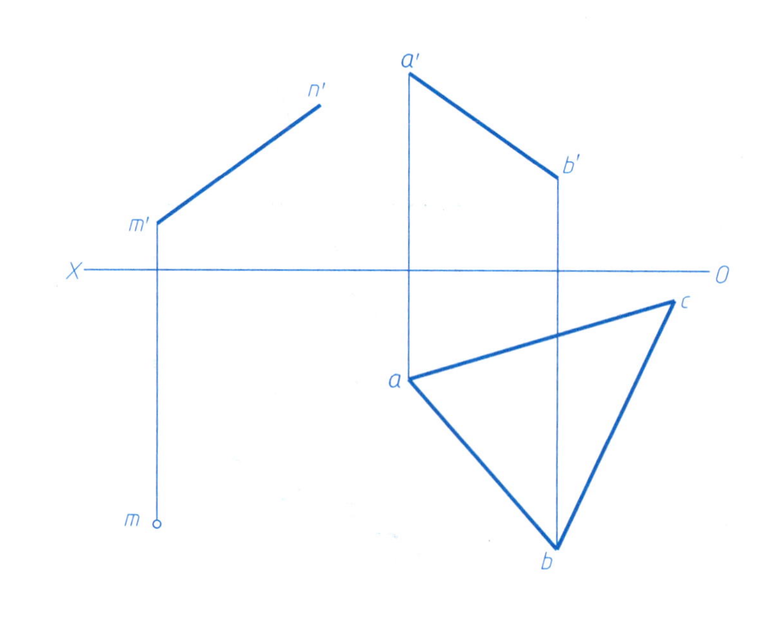

（6）求直线 EF 与平面△ABC 的交点 K，并判断可见性。

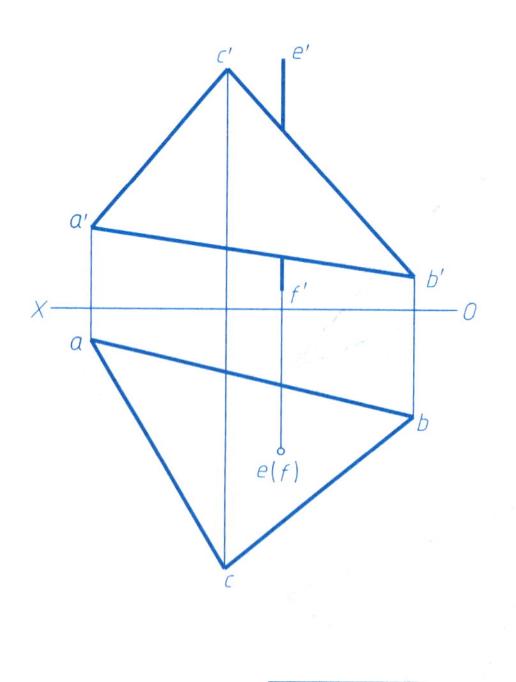

班级　　　　姓名　　　　审核

3-9　求下列各题（二）。

（7）求直线与平面的交点 K，并判断可见性。

（8）求直线与平面的交点 K。

（9）求直线与平面的交点 K，并判断可见性。

（10）求平面与平面的交线 KL。

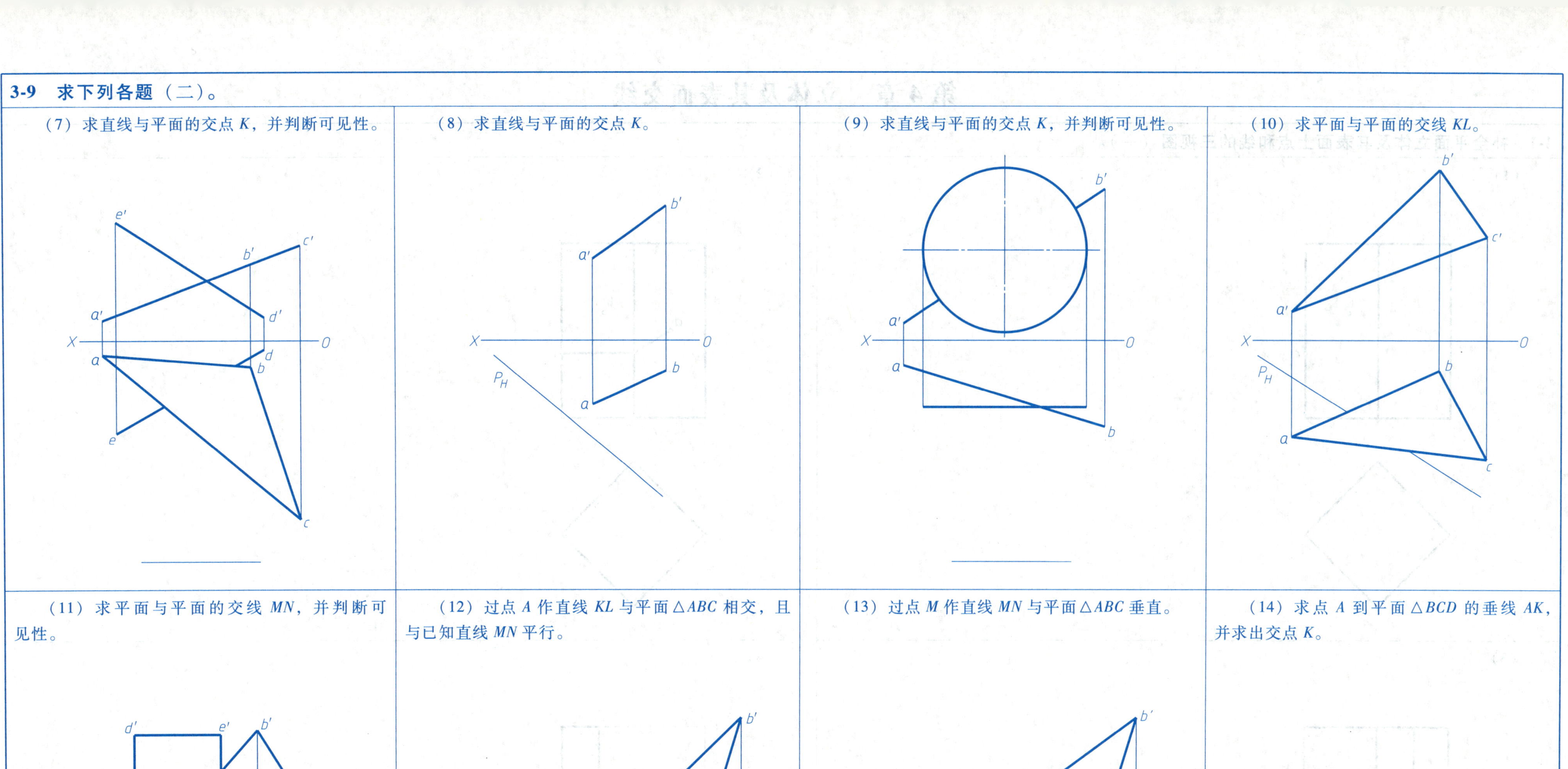

（11）求平面与平面的交线 MN，并判断可见性。

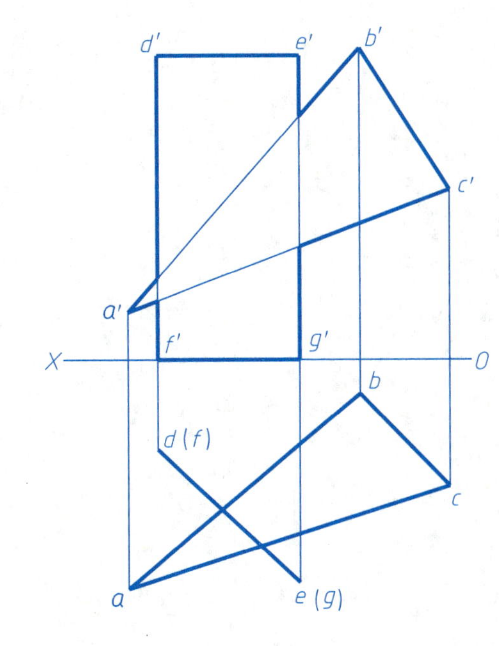

（12）过点 A 作直线 KL 与平面 $\triangle ABC$ 相交，且与已知直线 MN 平行。

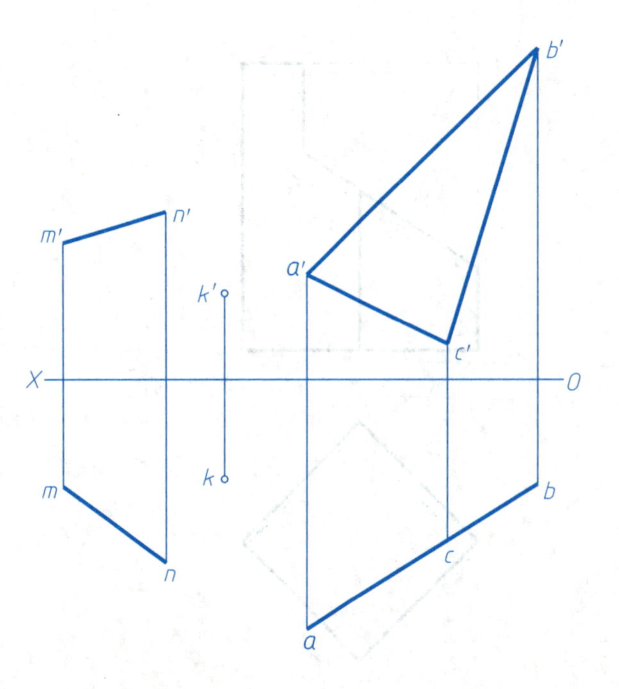

（13）过点 M 作直线 MN 与平面 $\triangle ABC$ 垂直。

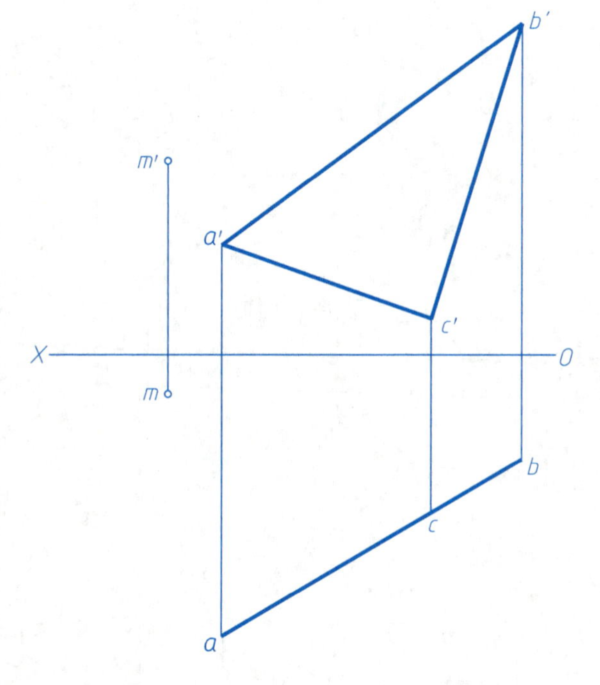

（14）求点 A 到平面 $\triangle BCD$ 的垂线 AK，并求出交点 K。

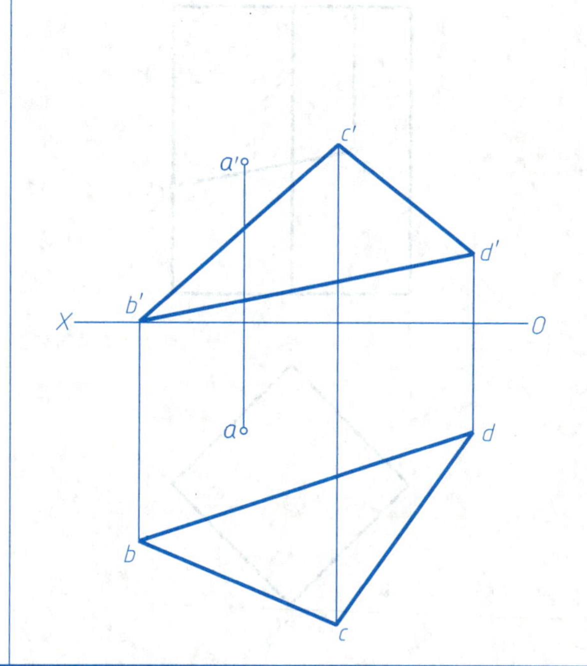

班级　　　　姓名　　　　审核

第 4 章　立体及其表面交线

4-1　补全平面立体及其表面上点和线的三视图（一）。

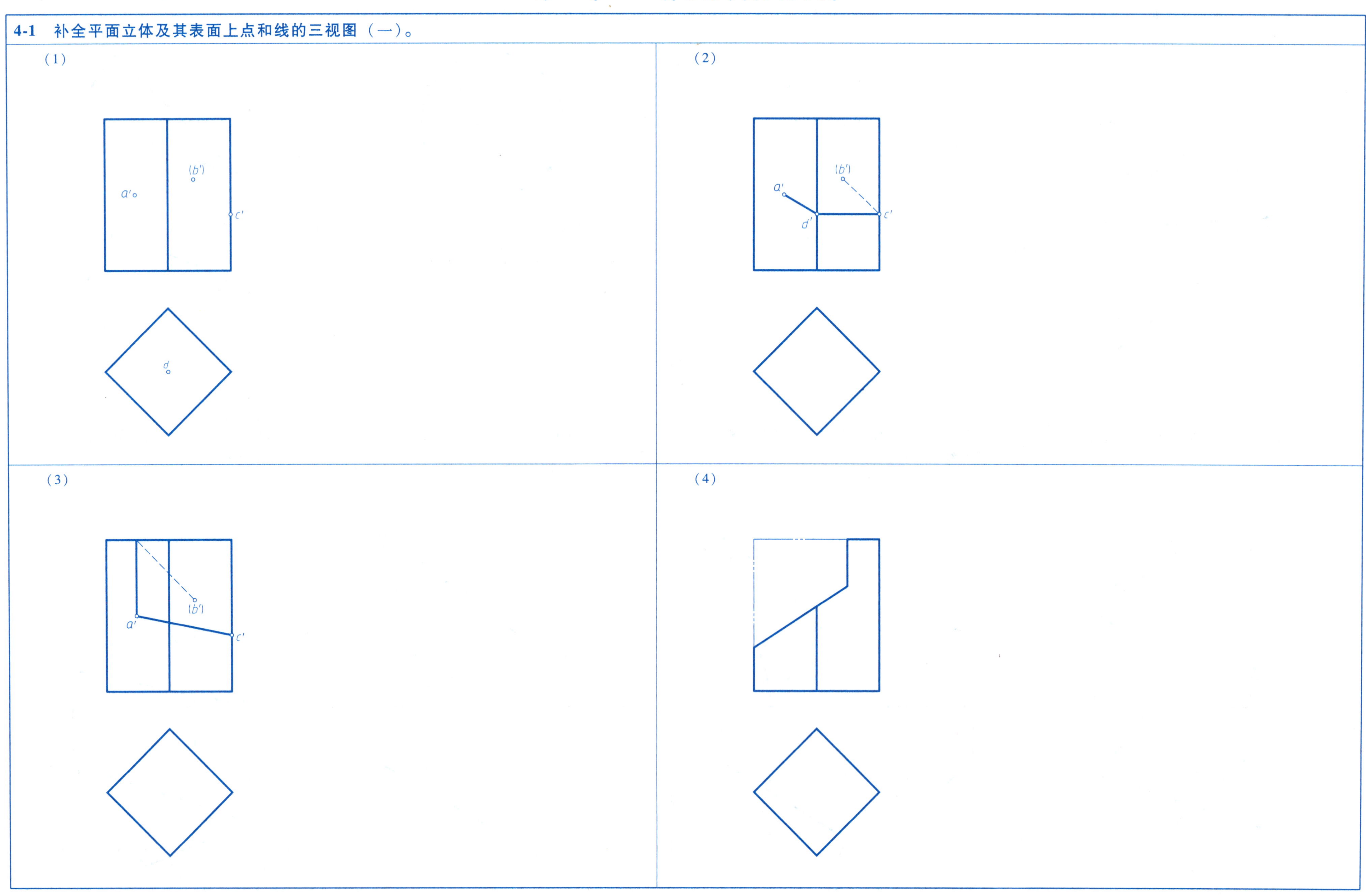

4-1 补全平面立体及其表面上点和线的三视图（二）。

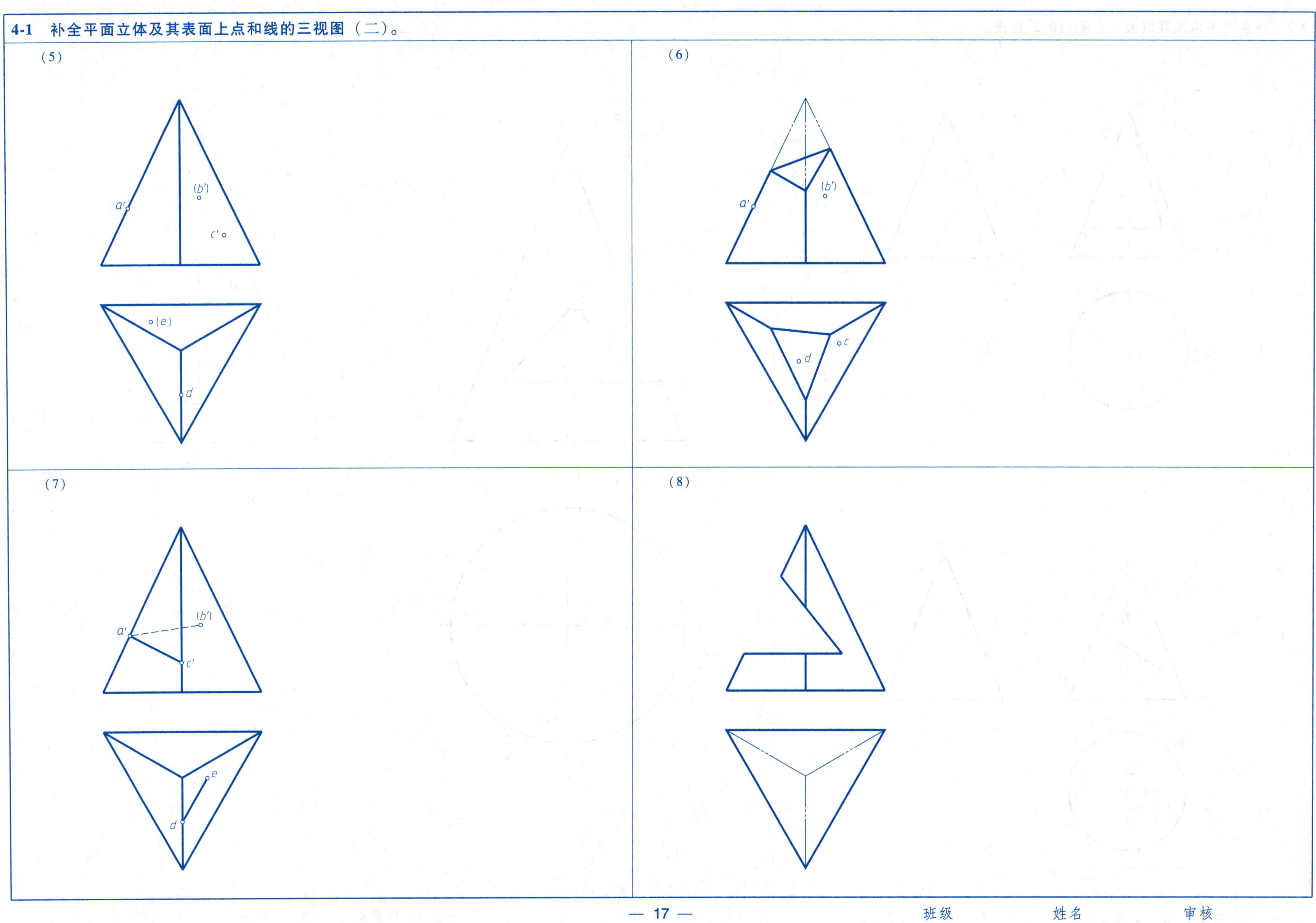

班级　　姓名　　审核

4-2 补全圆锥体及其表面上点和线的三视图。

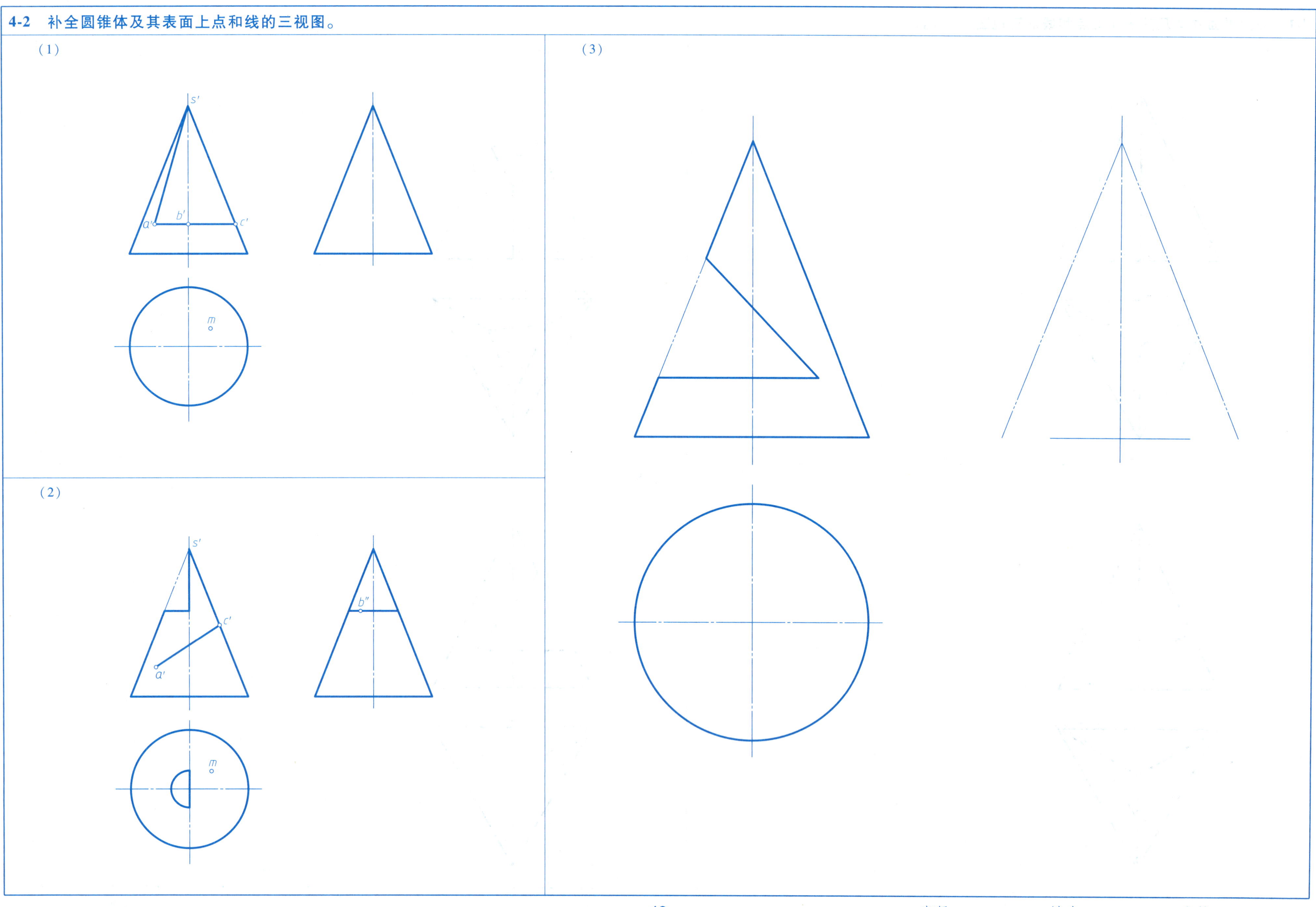

班级 姓名 审核

4-3 补全圆柱体及其表面上点和线的三视图。

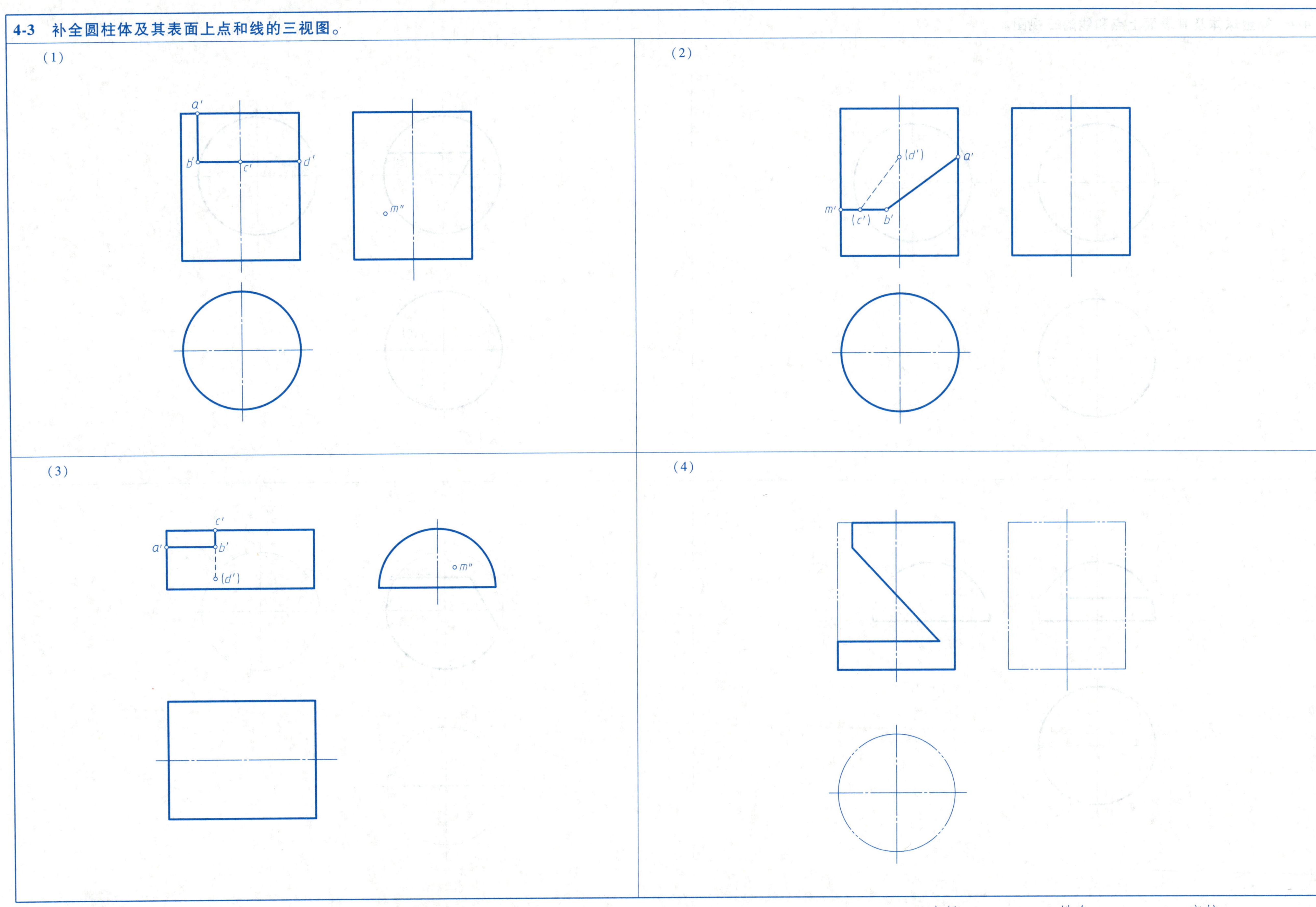

班级 姓名 审核

4-4 补全球体及其表面上点和线的三视图。

(1)

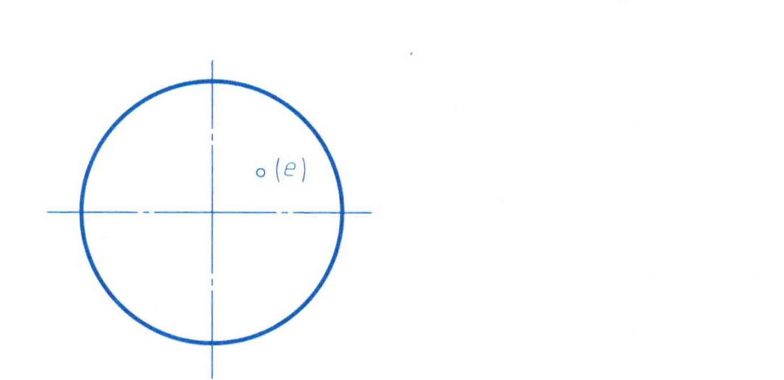

(2)

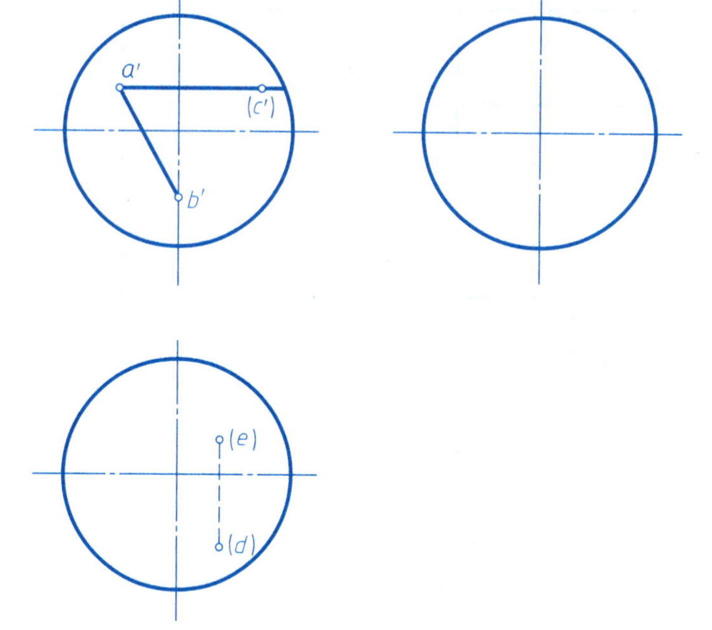

(3)

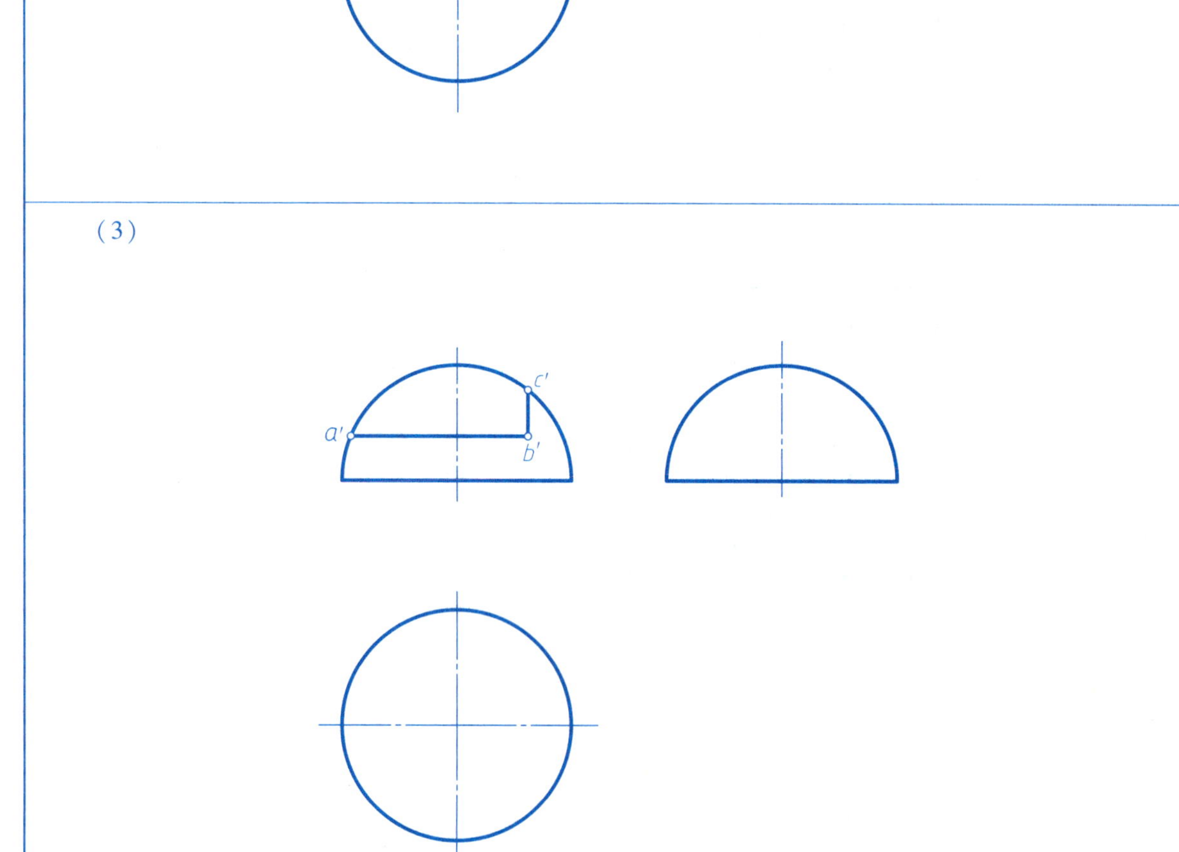

(4)

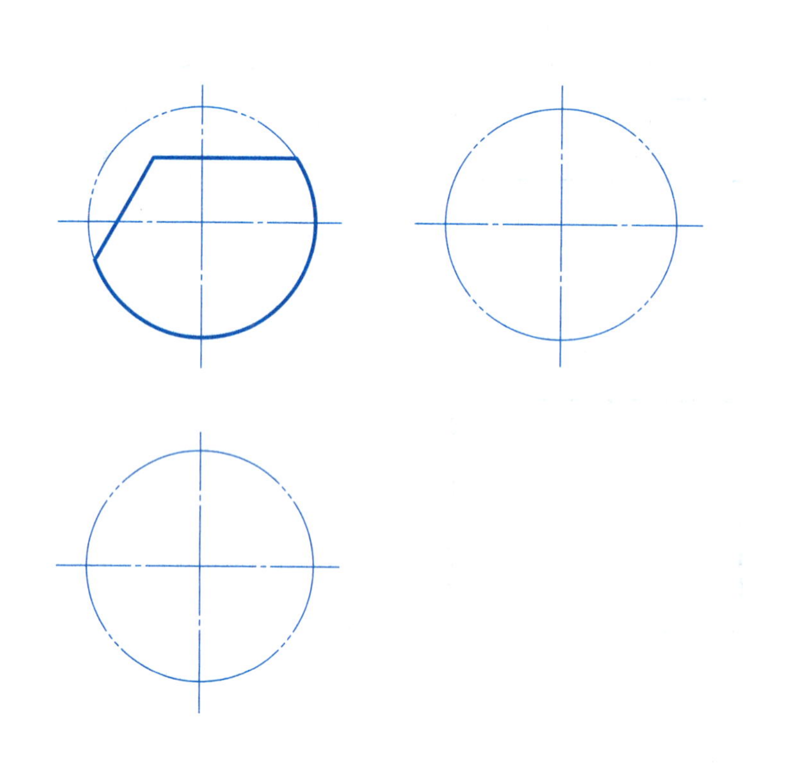

班级　　姓名　　审核

4-5 补全平面与棱柱和棱锥立体表面的交线及对应立体的三视图。

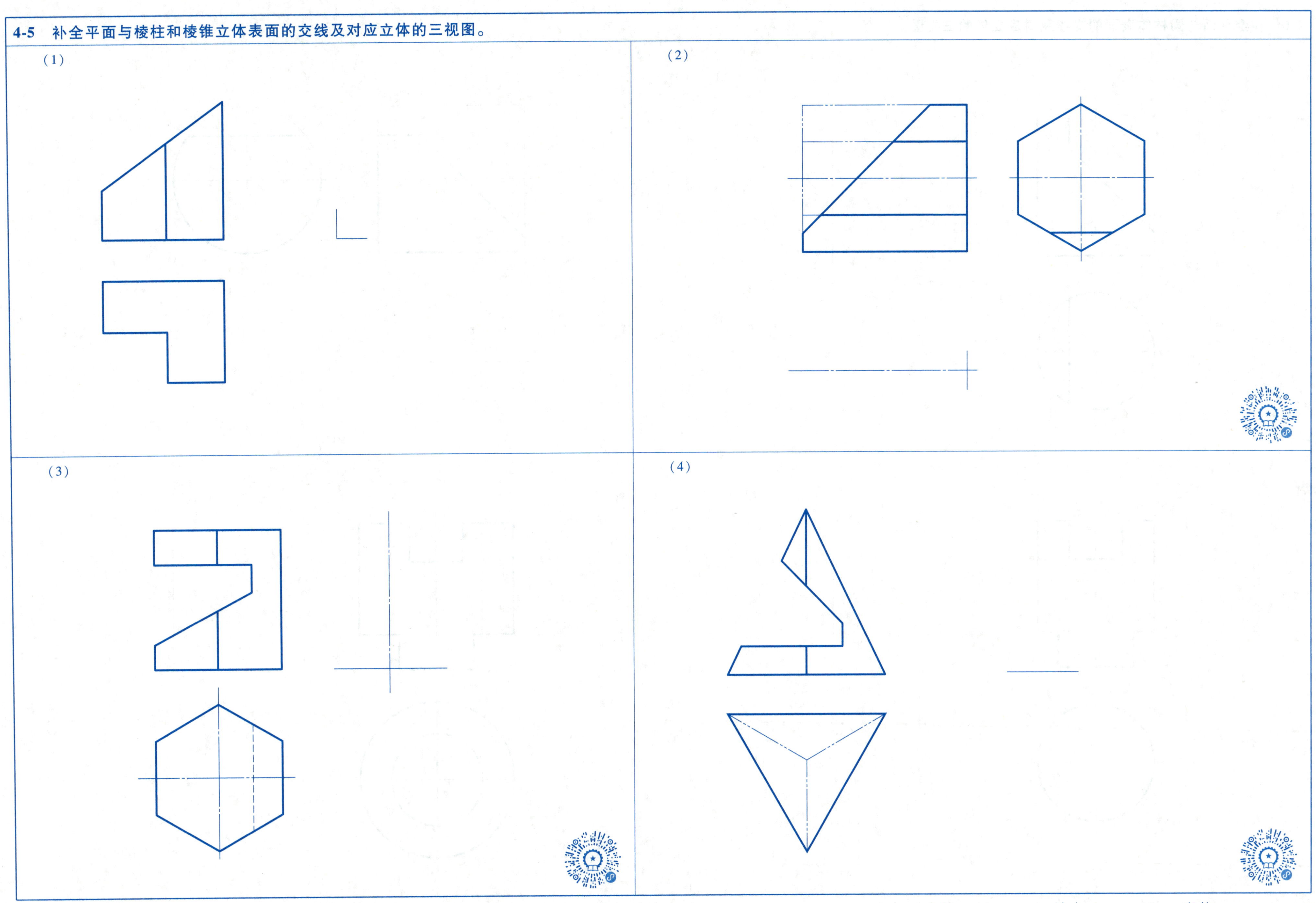

班级 姓名 审核

4-6 补全平面与圆柱体表面的交线及对应立体的三视图。

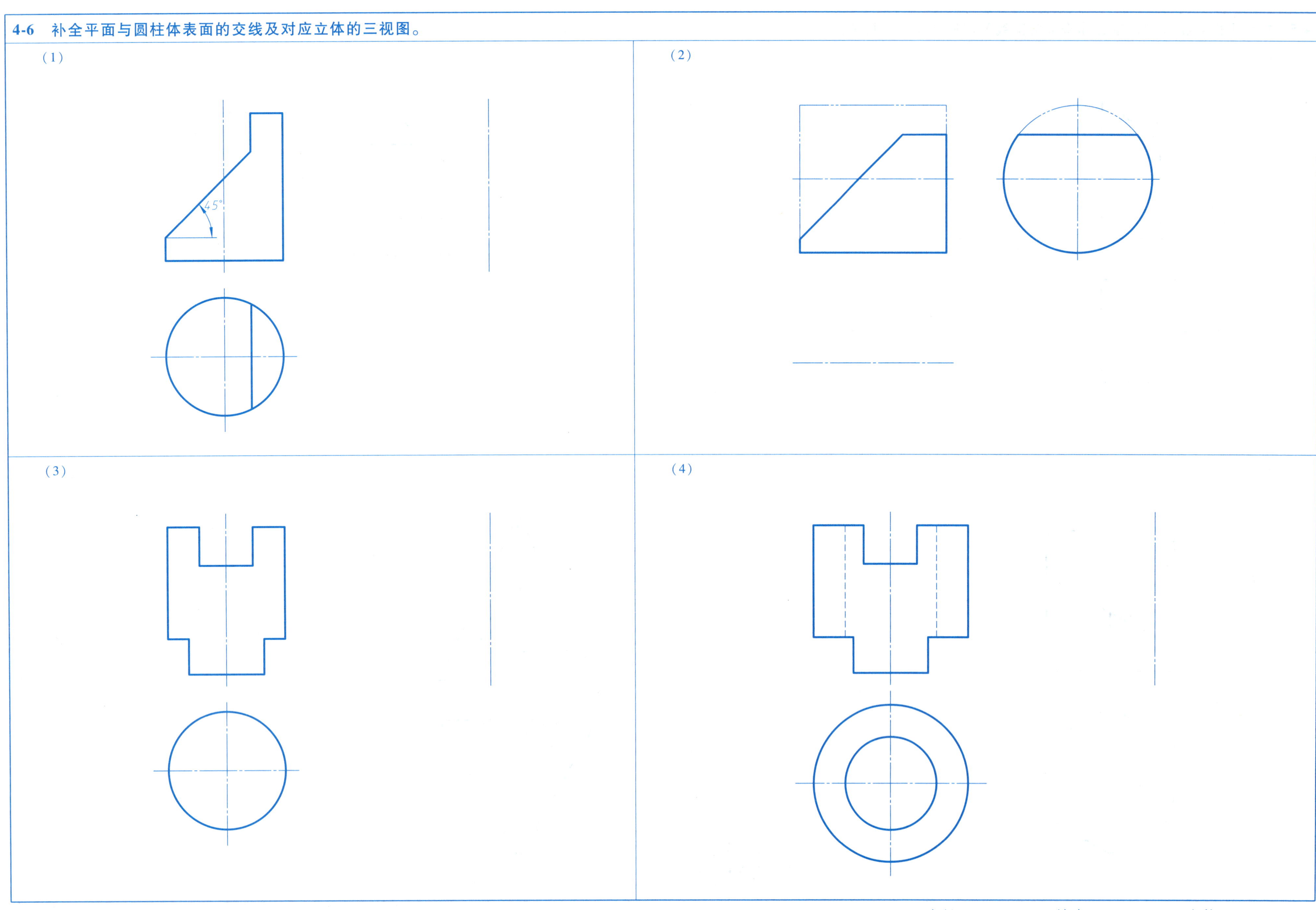

班级　　姓名　　审核

4-7 补全平面与圆柱和圆锥立体表面的交线及对应立体的三视图。

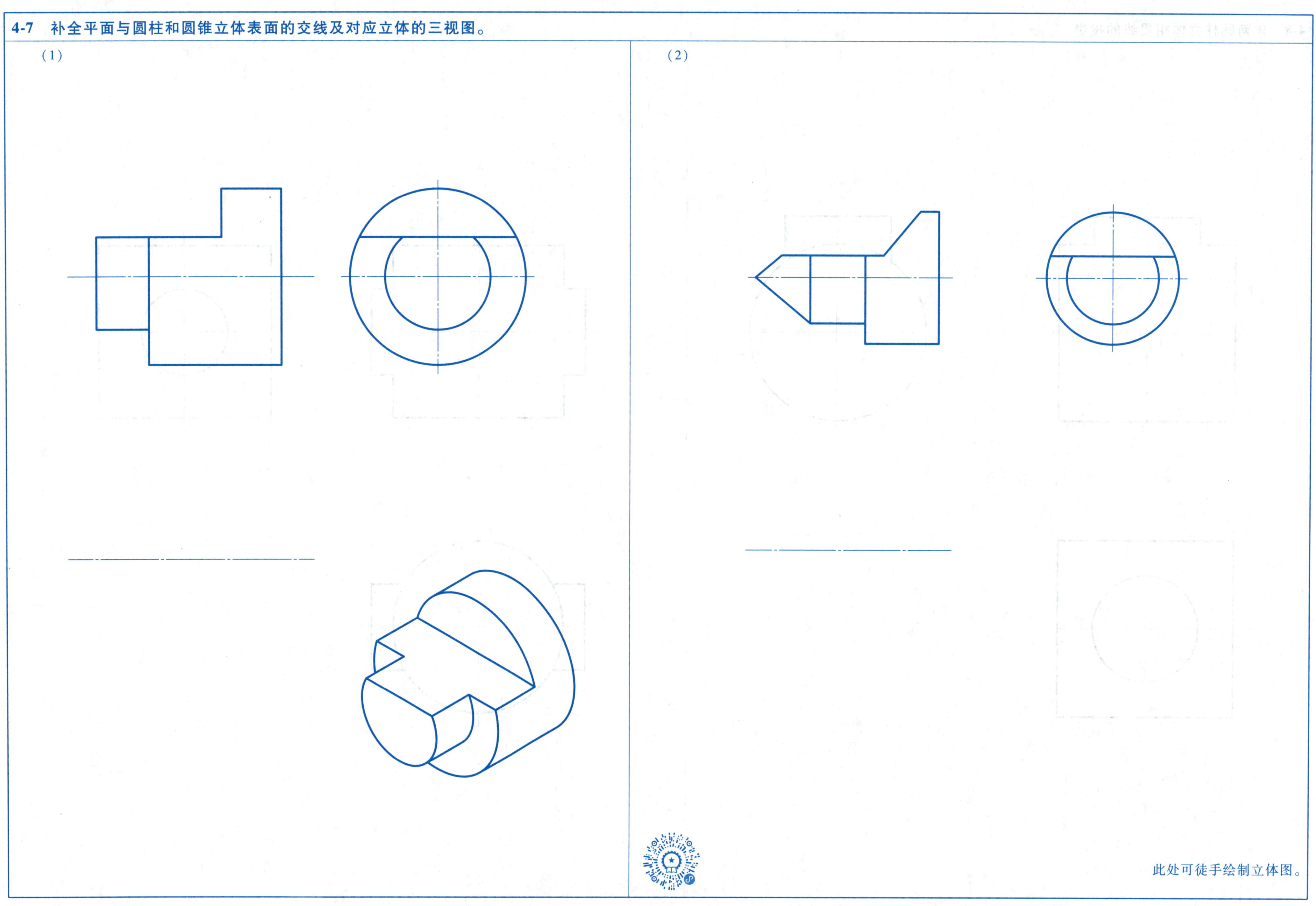

班级 姓名 审核

4-8 求两圆柱立体相贯线的投影。

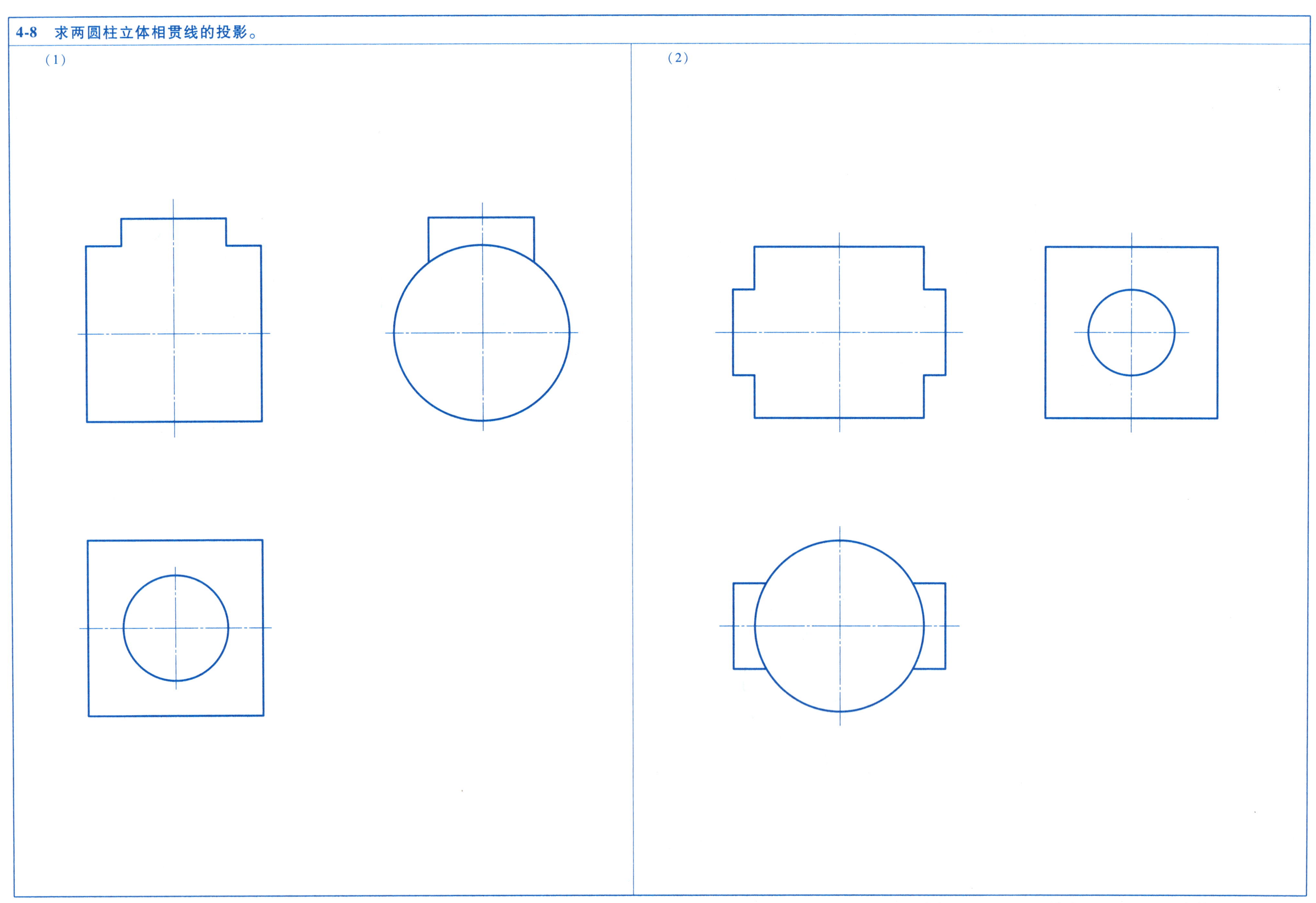

4-9 分析两个相交立体，并绘制其相贯线的三视图。

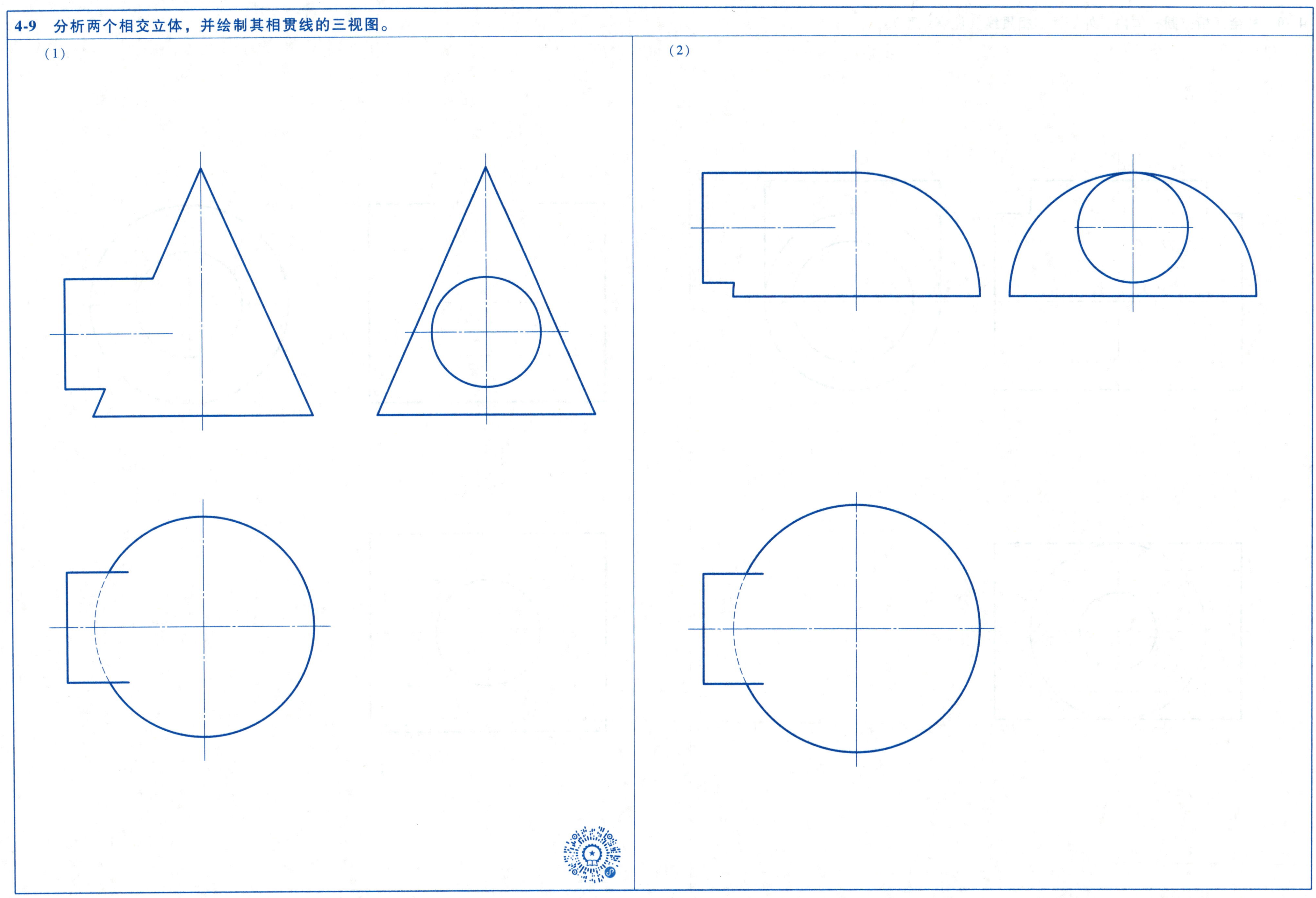

班级 姓名 审核

4-10　补全两相交圆柱体内、外表面的相贯线（注意线型）。

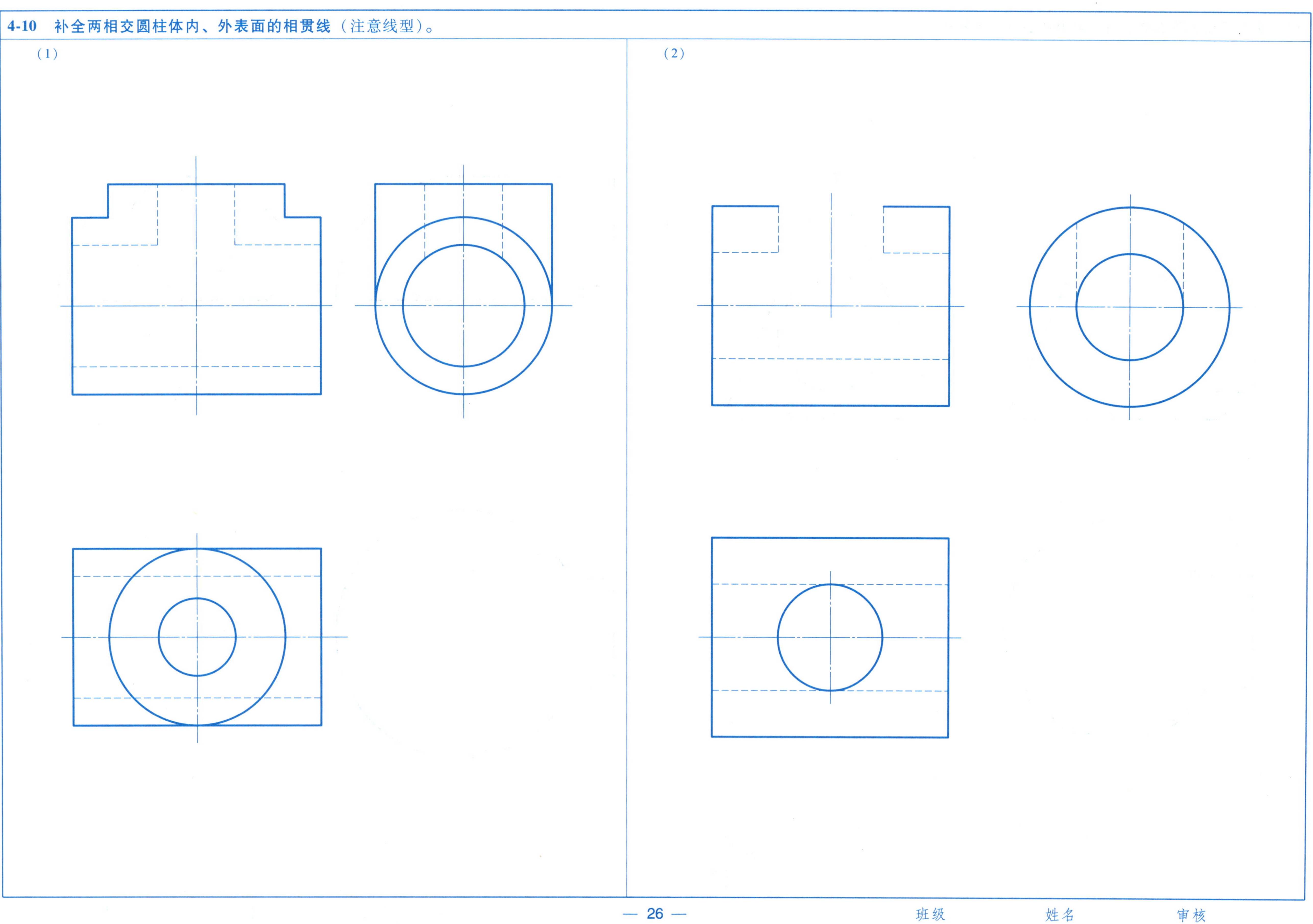

班级　　　姓名　　　审核

4-11 补全圆柱体视图及表面所缺少的相贯线。

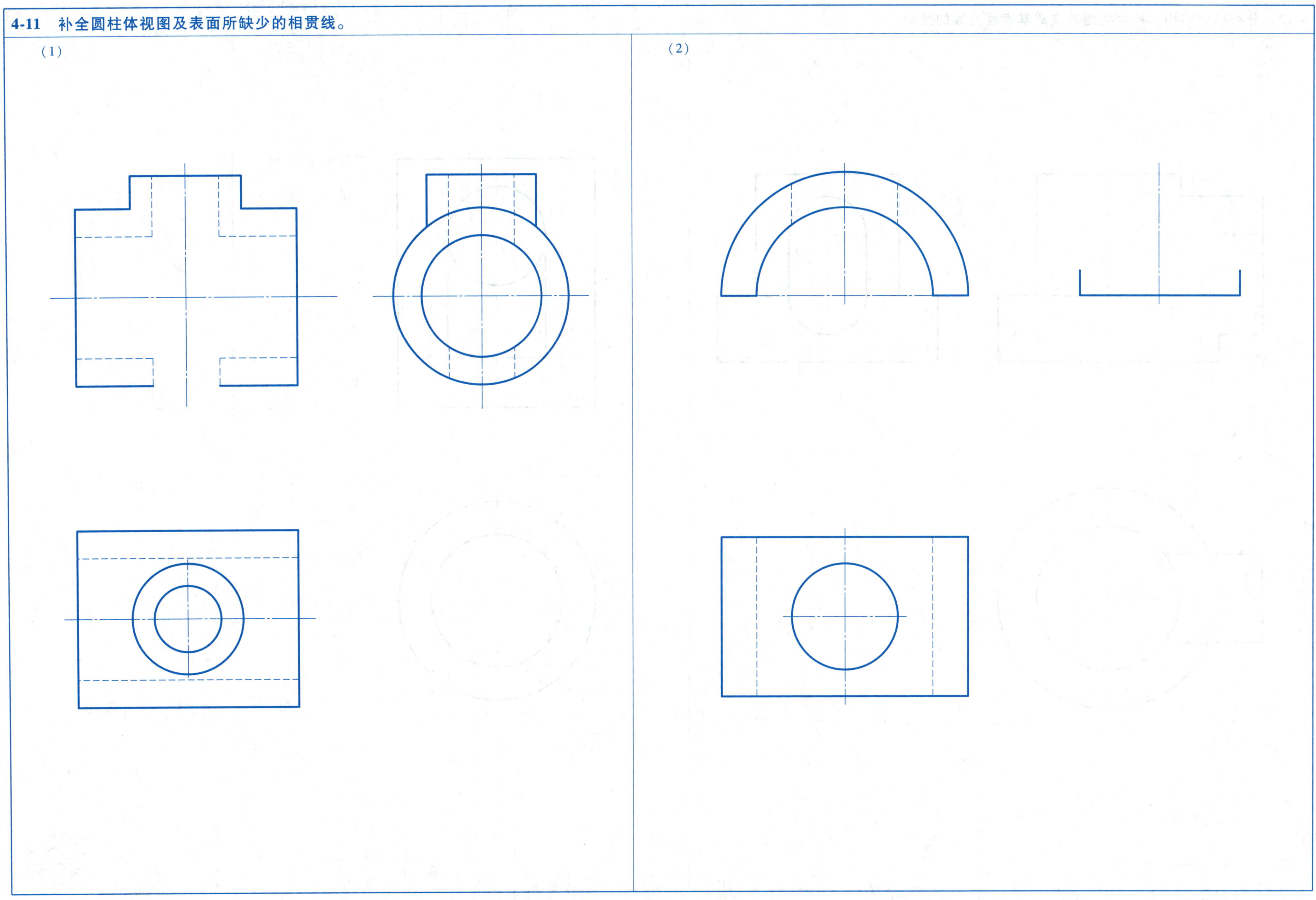

4-12 分析形体结构，补全视图并完成其表面交线的绘制。

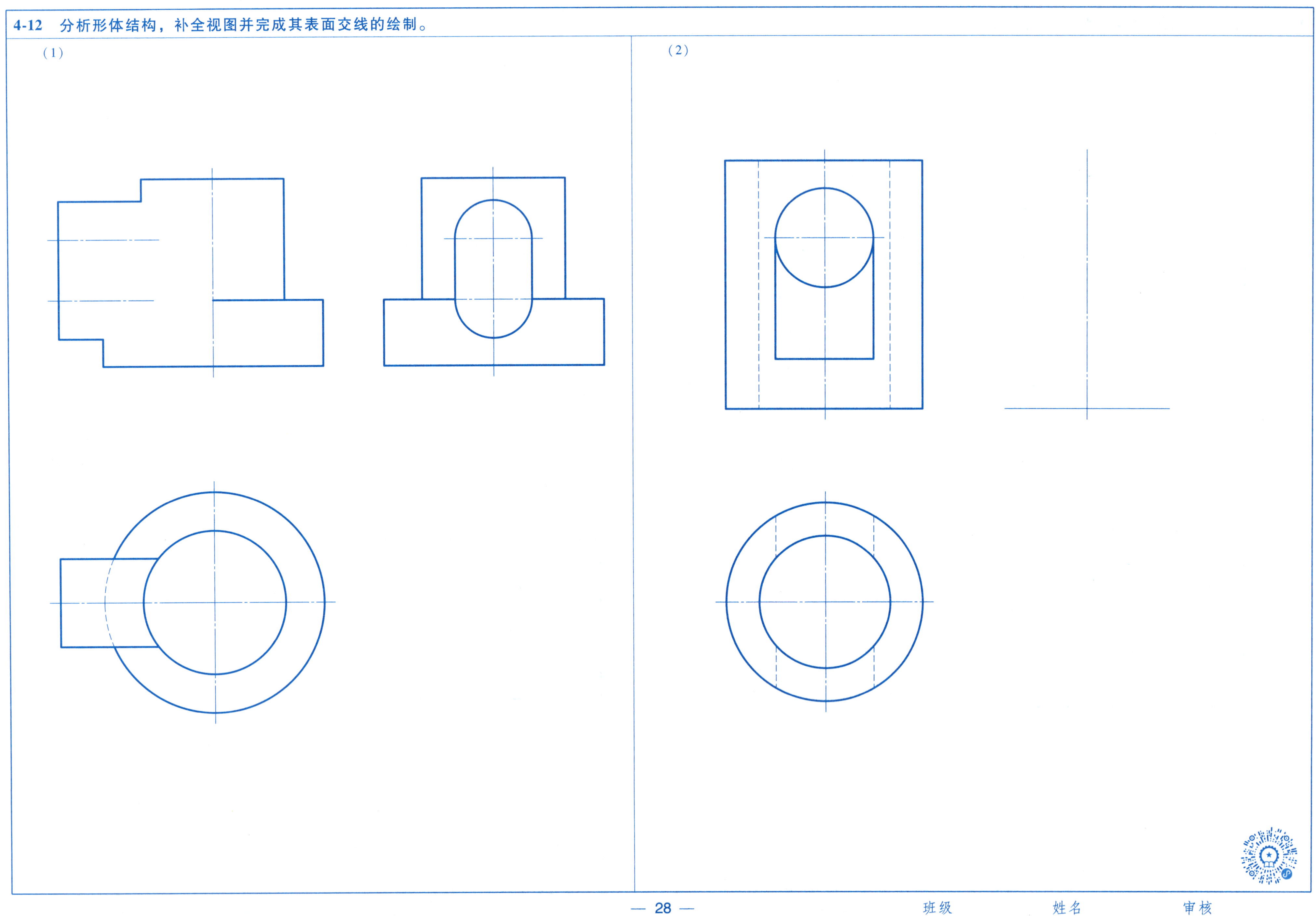

班级　　姓名　　审核

4-13　分析形体结构，补全第三视图，并绘出相贯线。

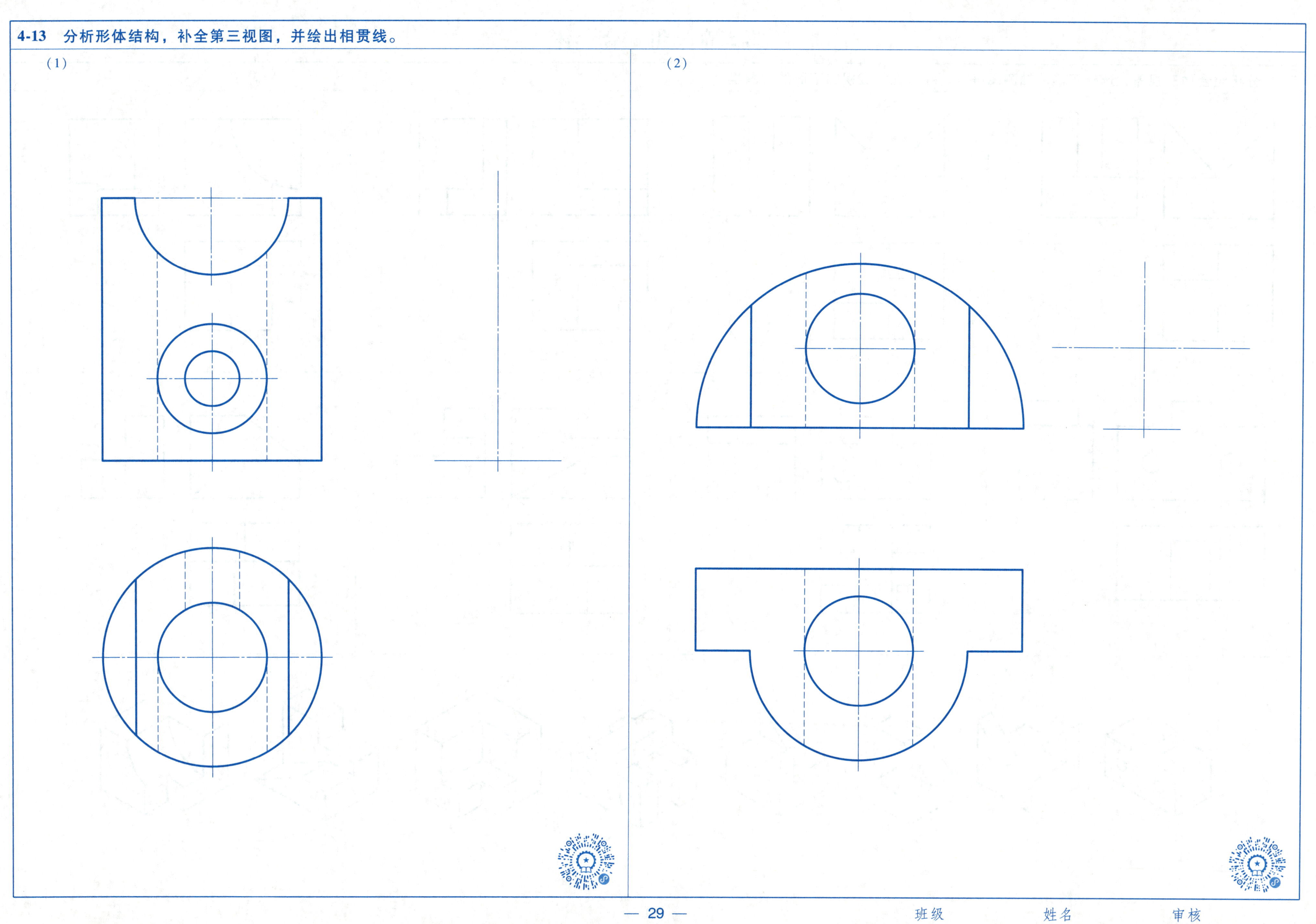

班级　　姓名　　审核

5-1 分析组合体三视图，选择正确的轴测图编号，并填在相应视图下面的圆圈里（一）。

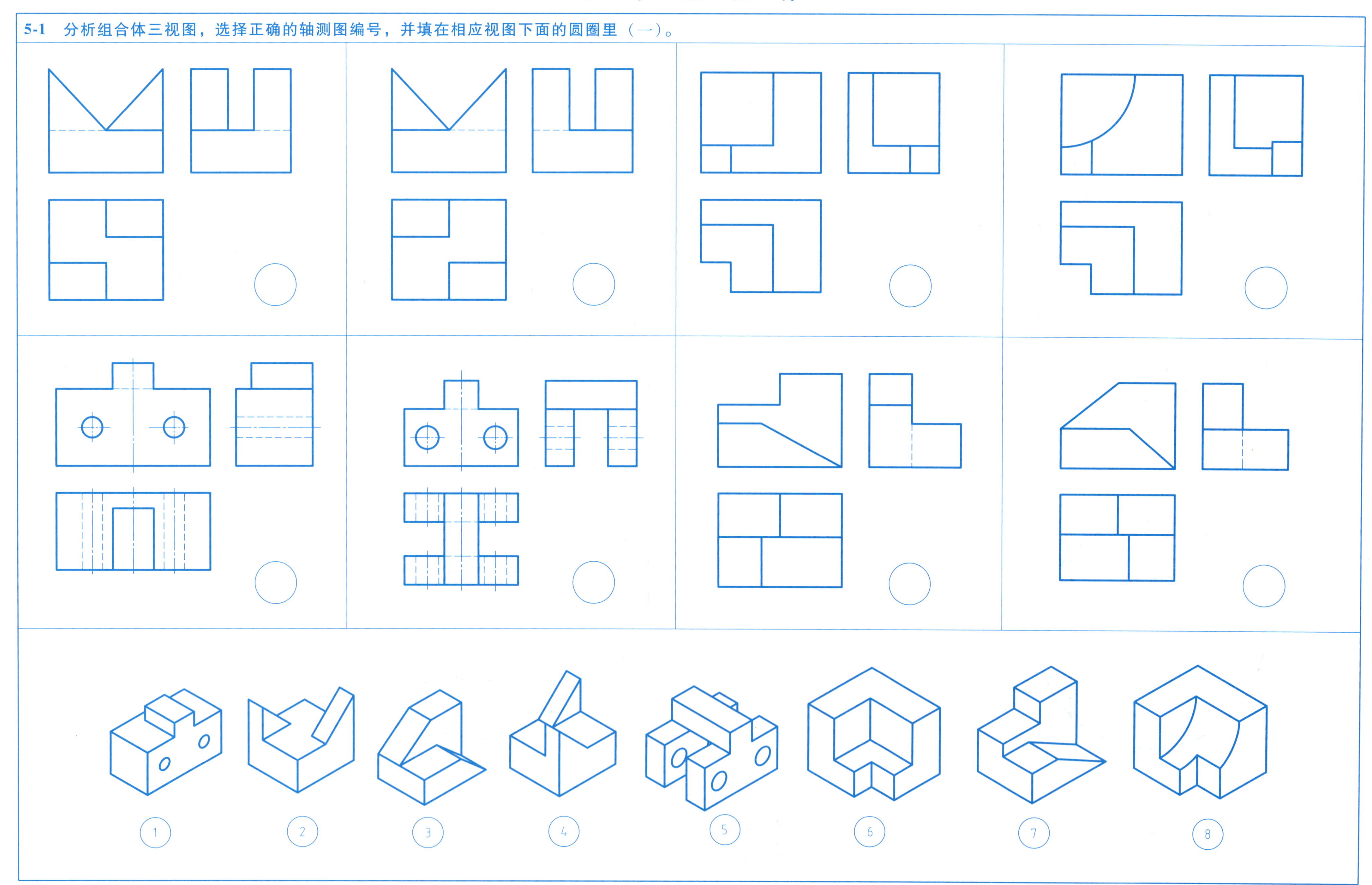

班级 姓名 审核

5-1 分析组合体三视图，选择正确的轴测图编号，并填在相应视图下面的圆圈里（二）。

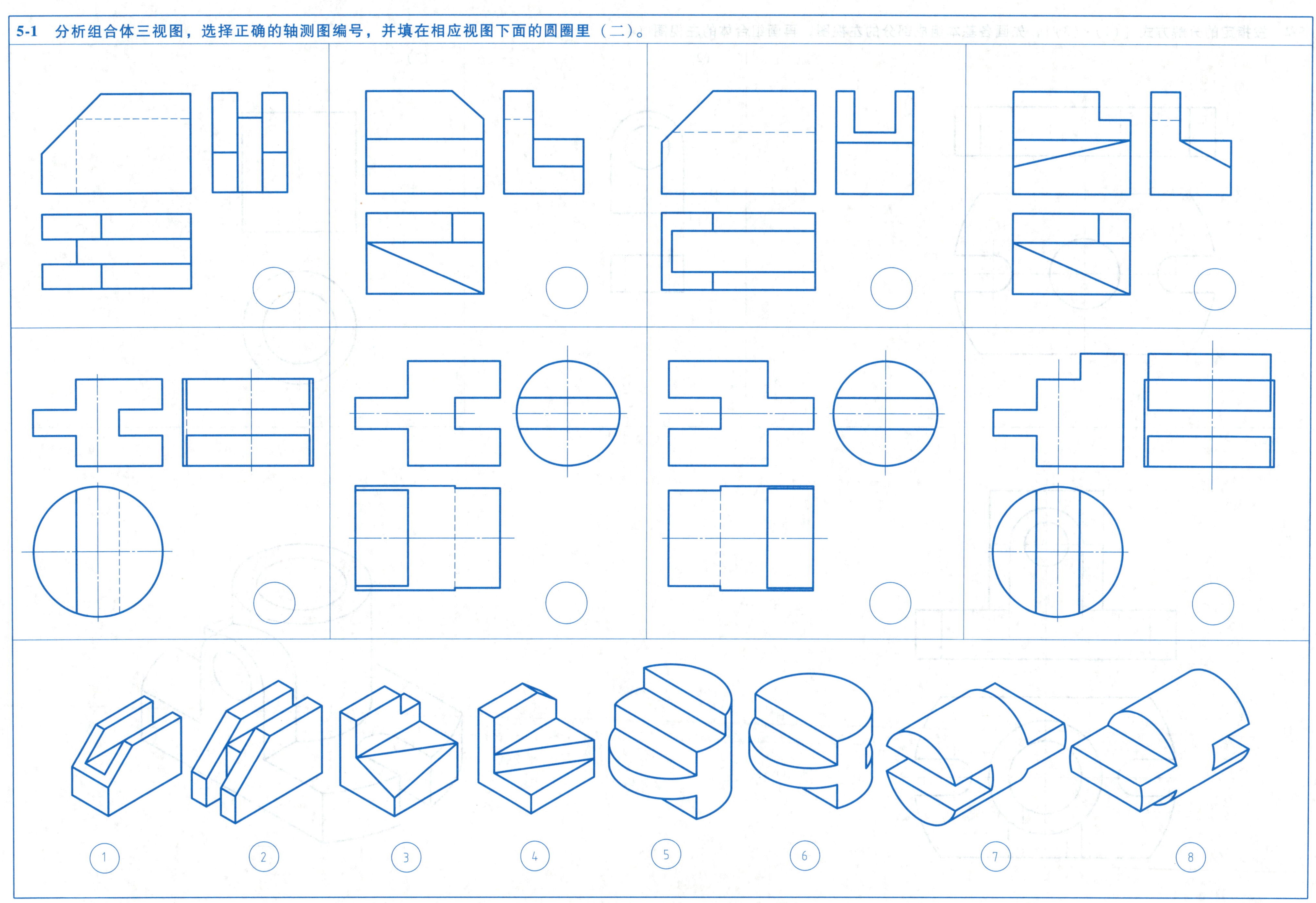

班级 姓名 审核

5-2 按指定的分解方式［(1)~(3)］，先画各基本组成部分的左视图，再画组合体的左视图(4)。

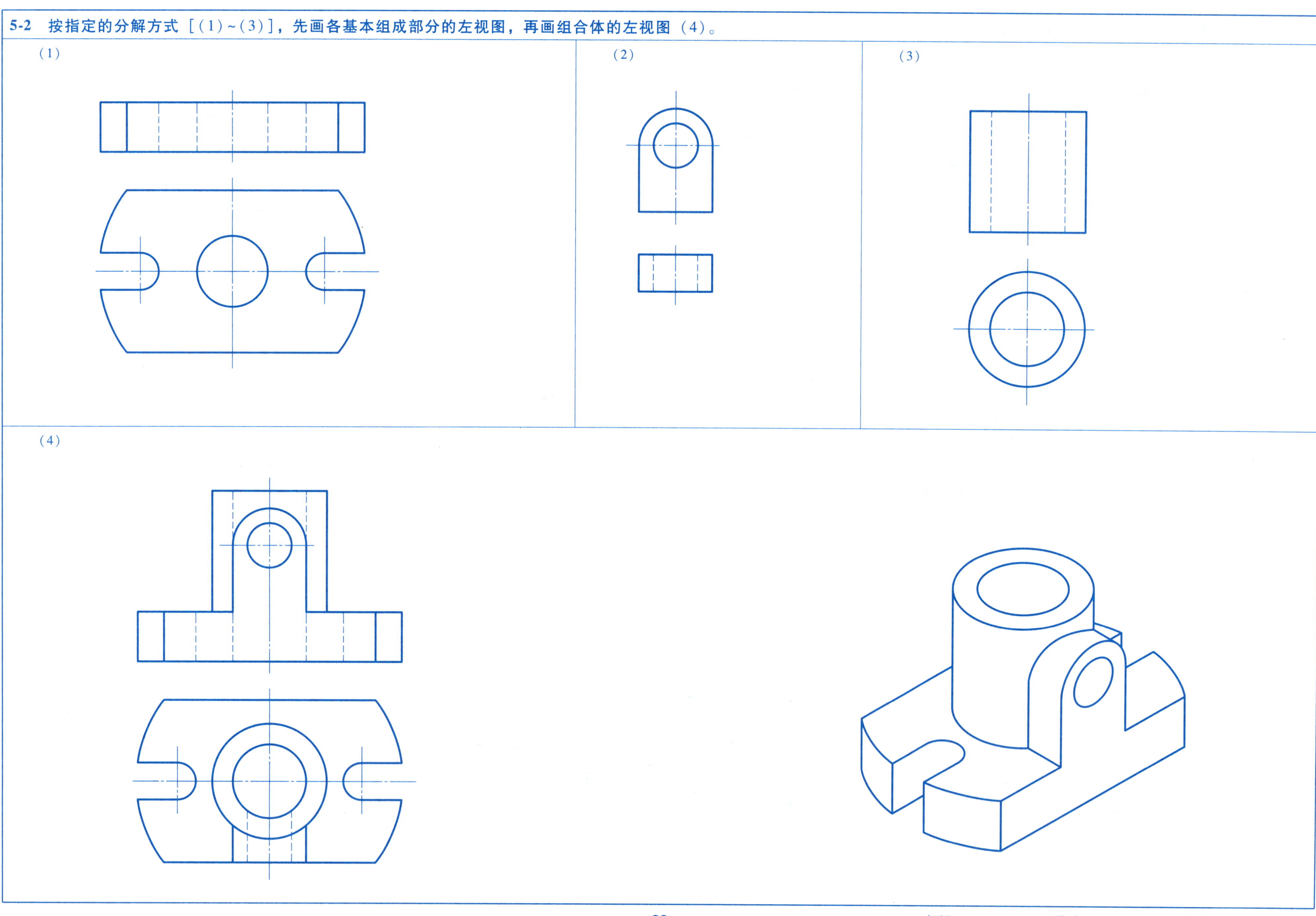

班级　　姓名　　审核

5-3 结合立体图，分析左视图，按指定的切割顺序，补全（1）、（2）、（3）中组合体的主、俯视图。

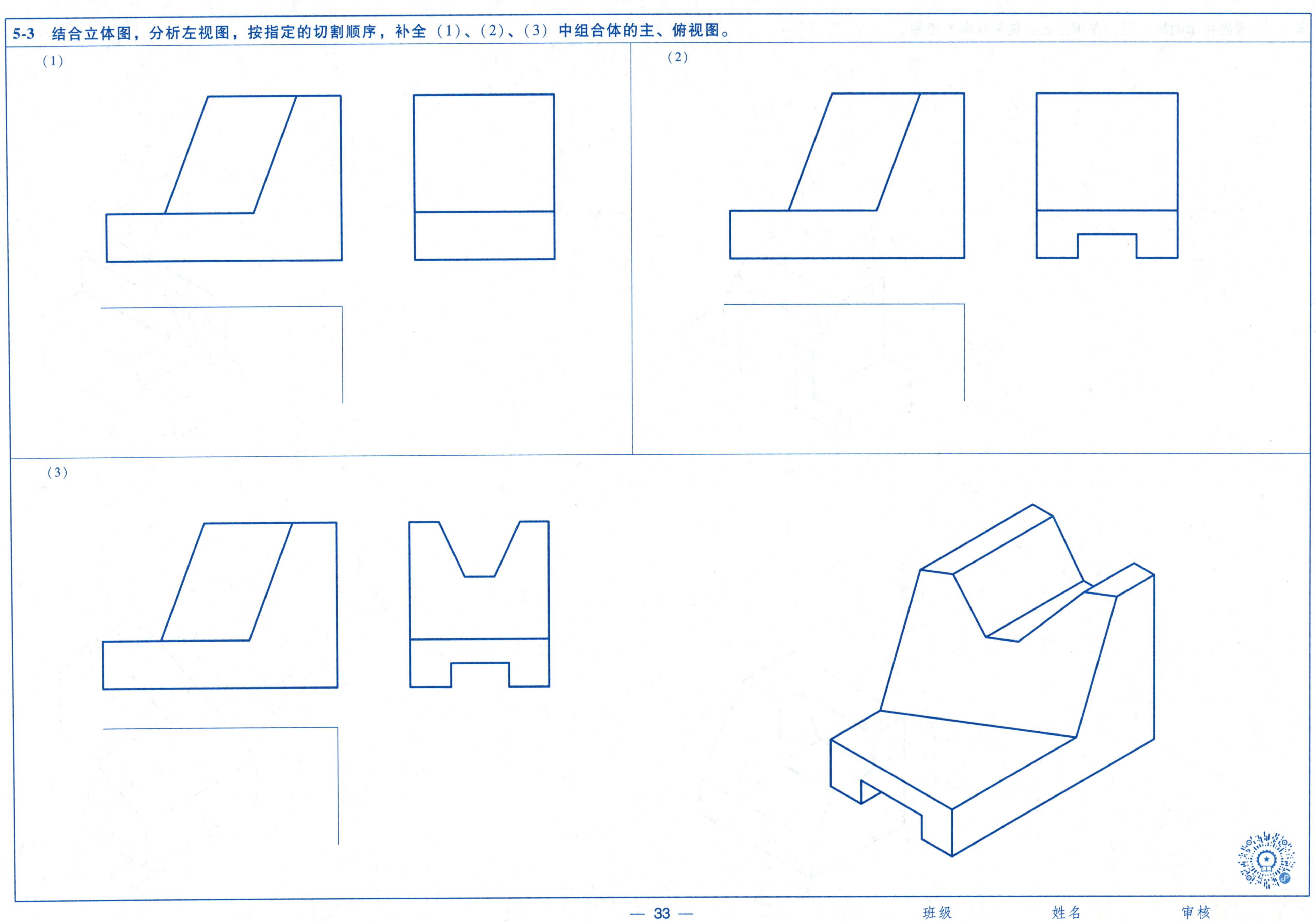

班级 姓名 审核

5-4 根据组合体的轴测图，在指定位置徒手绘制三视图。

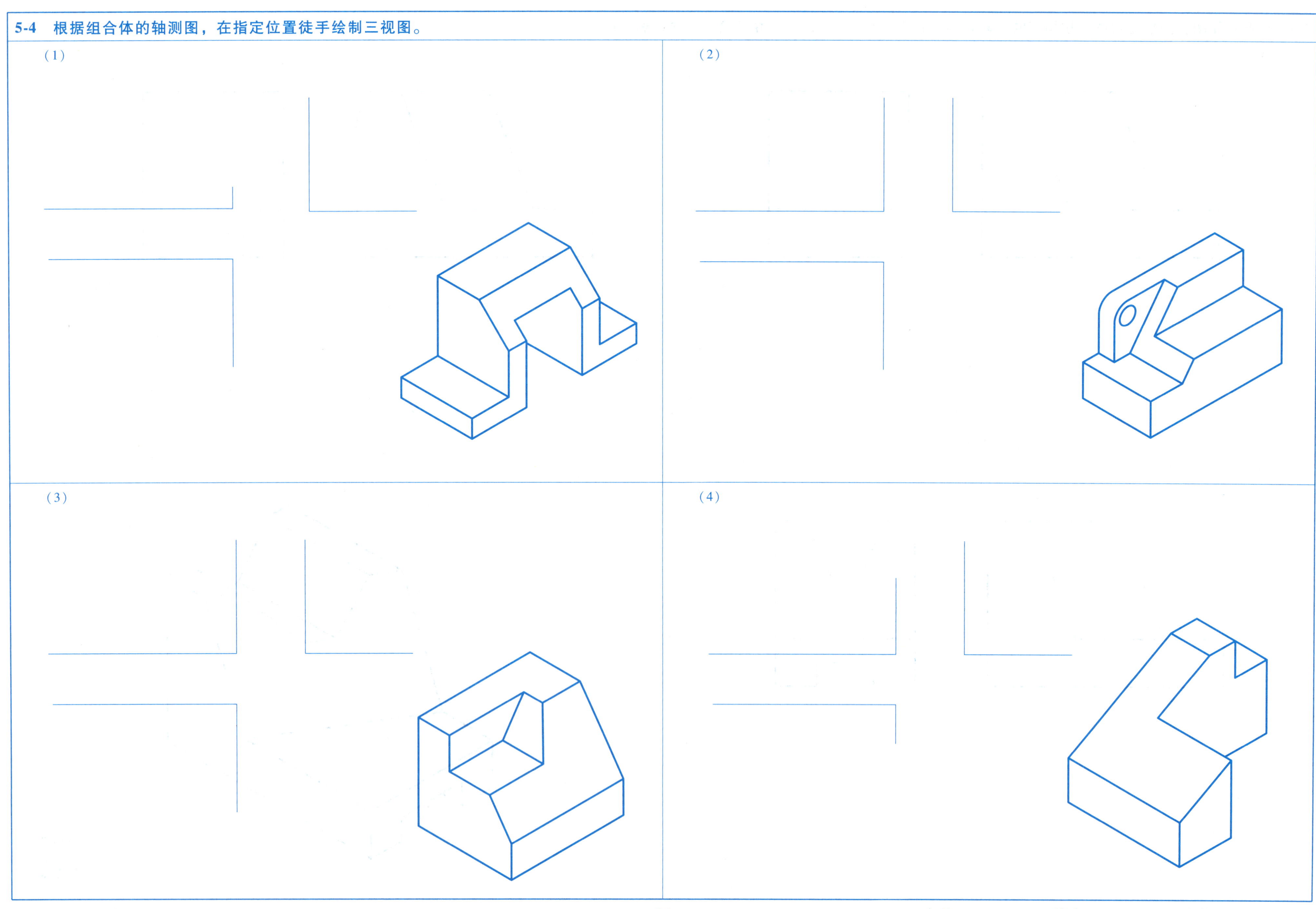

班级 姓名 审核

5-5 标出下列平面图形的尺寸（尺寸数值按图中 1∶1 的比例量取，并取整数）。

(1)

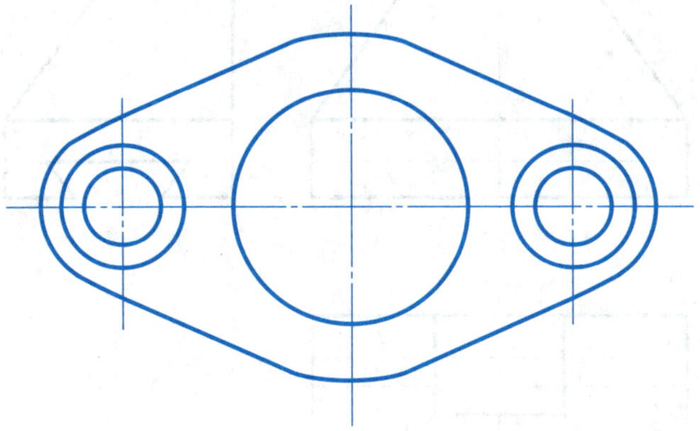

(2)

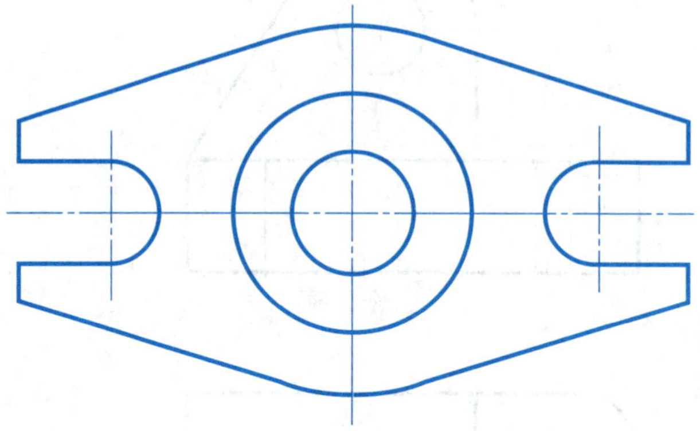

(3)

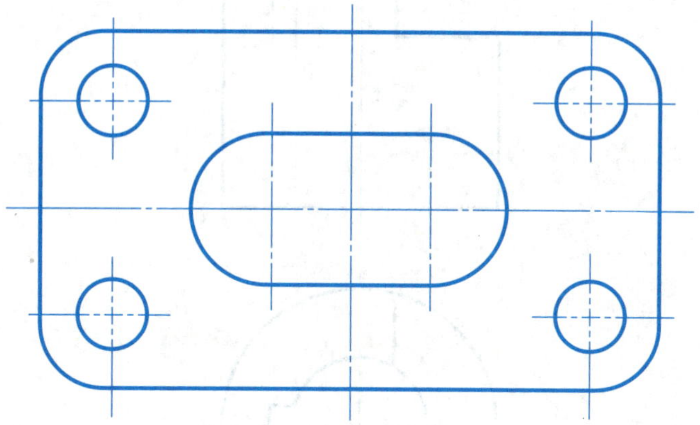

(4)

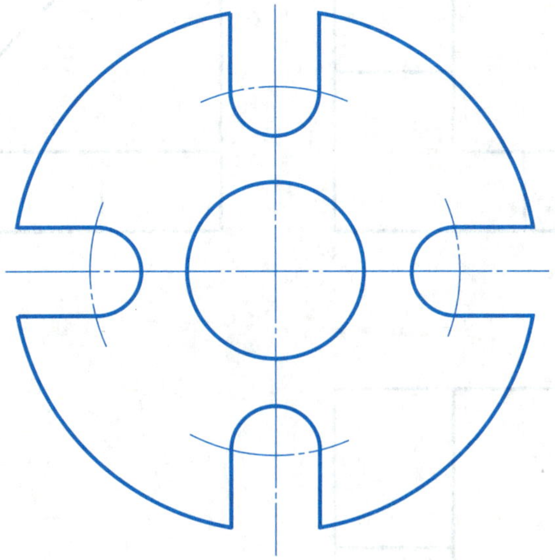

(5)

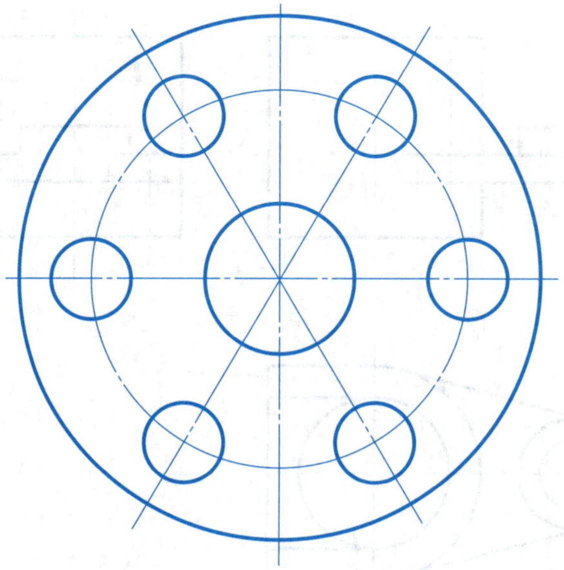

(6)

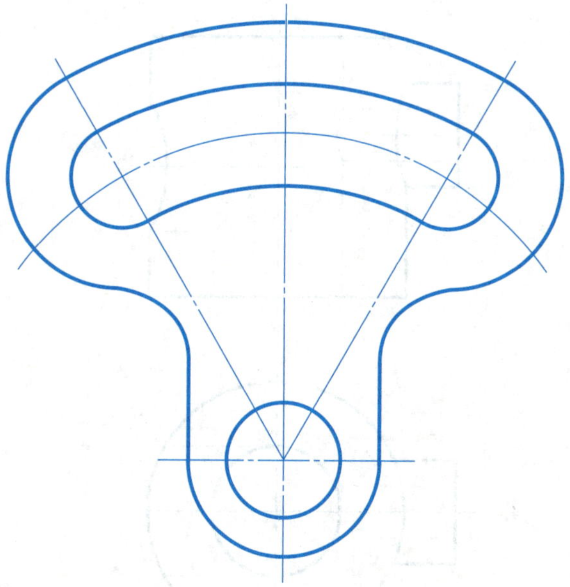

班级 姓名 审核

5-6 分析组合体结构，按要求标注组合体的尺寸（尺寸数值按图中 1∶1 的比例量取，并取整数）。

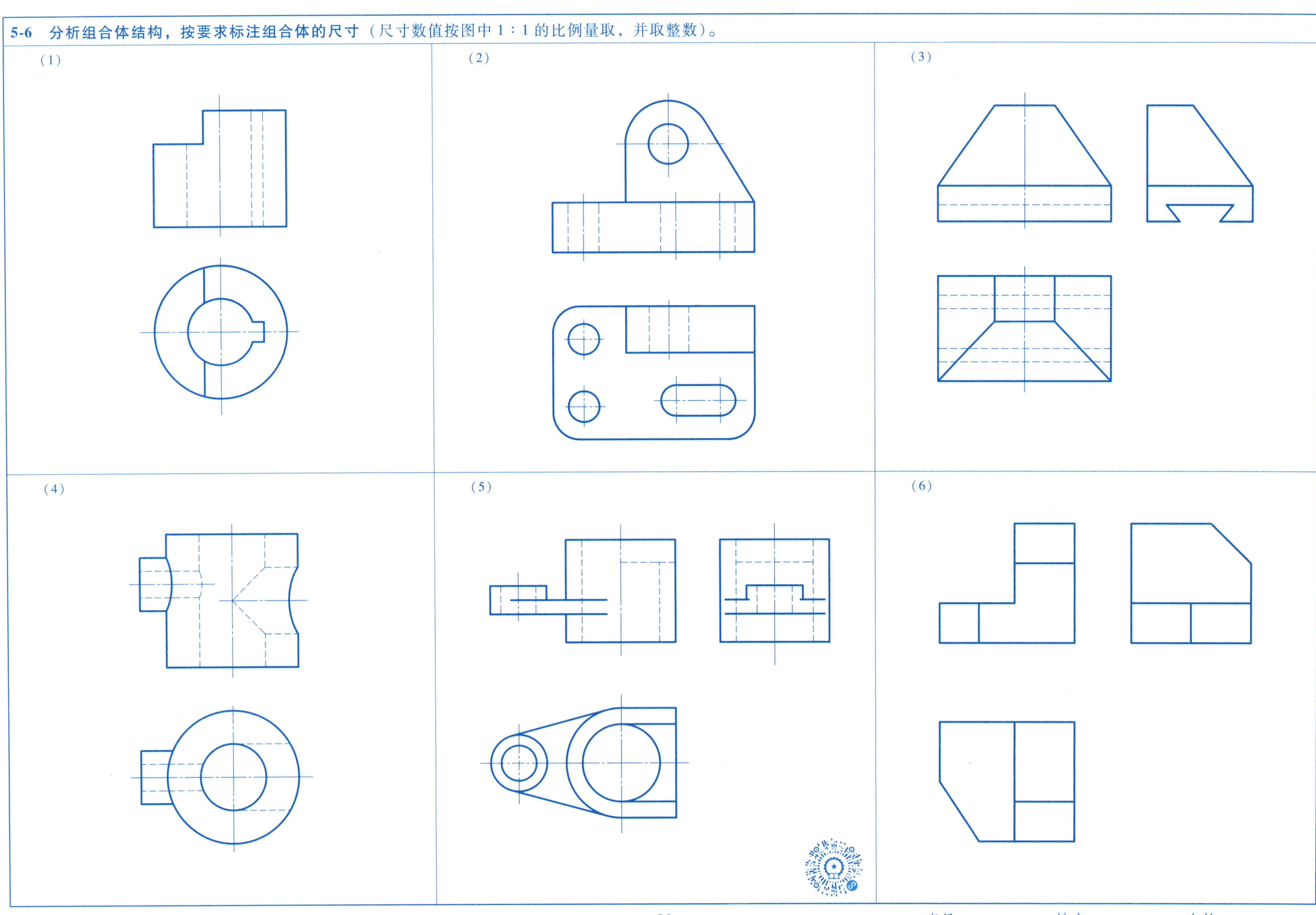

班级　　姓名　　审核

5-7 读组合体的视图，补画视图中的漏线（一）。

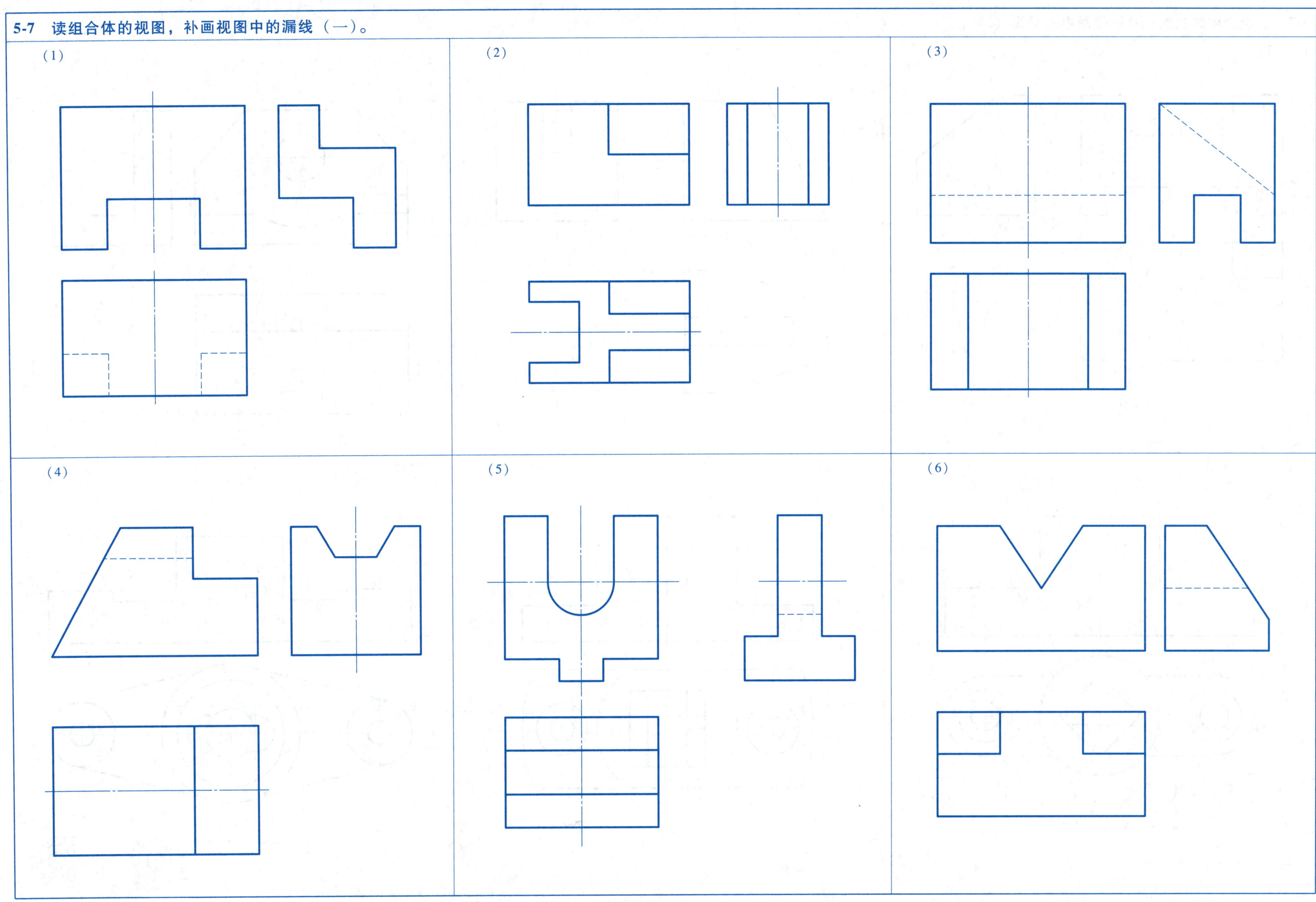

班级　　姓名　　审核

5-7 读组合体的视图，补画视图中的漏线（二）。

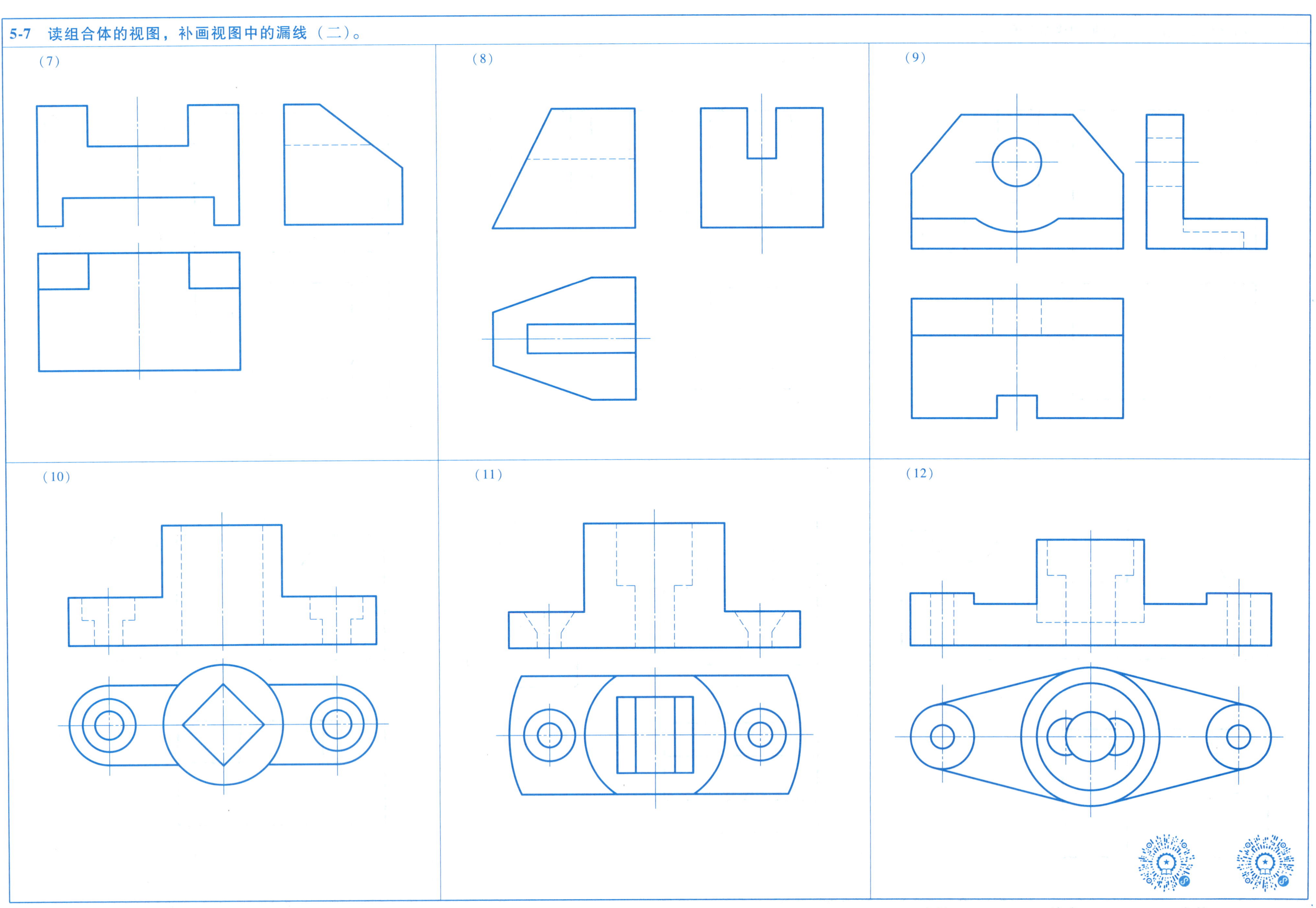

班级　　姓名　　审核

5-8　根据组合体的两个视图，构思组合体的形状并补画第三视图。

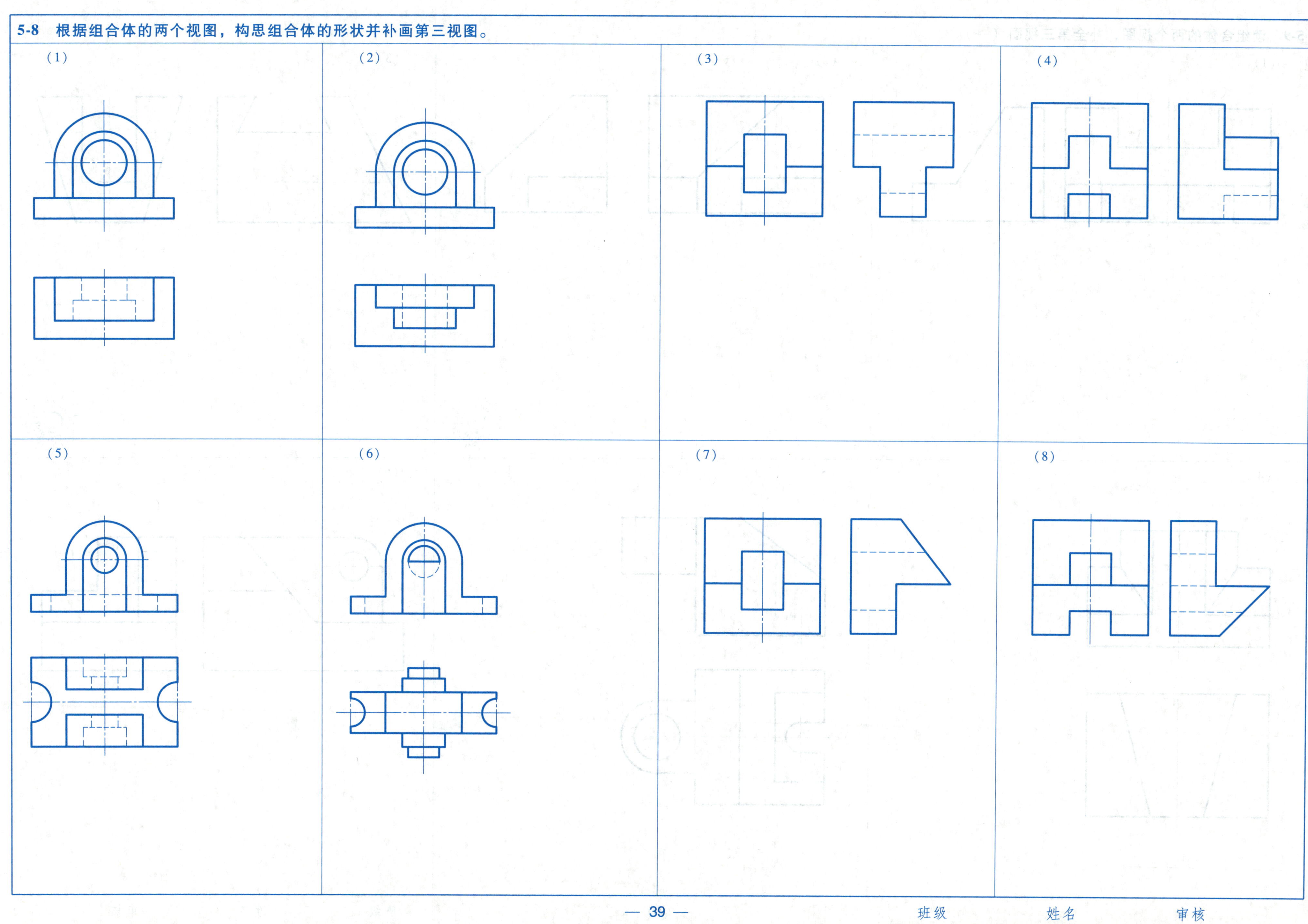

班级　　　　姓名　　　　审核

5-9 读组合体的两个视图，补全第三视图（一）。

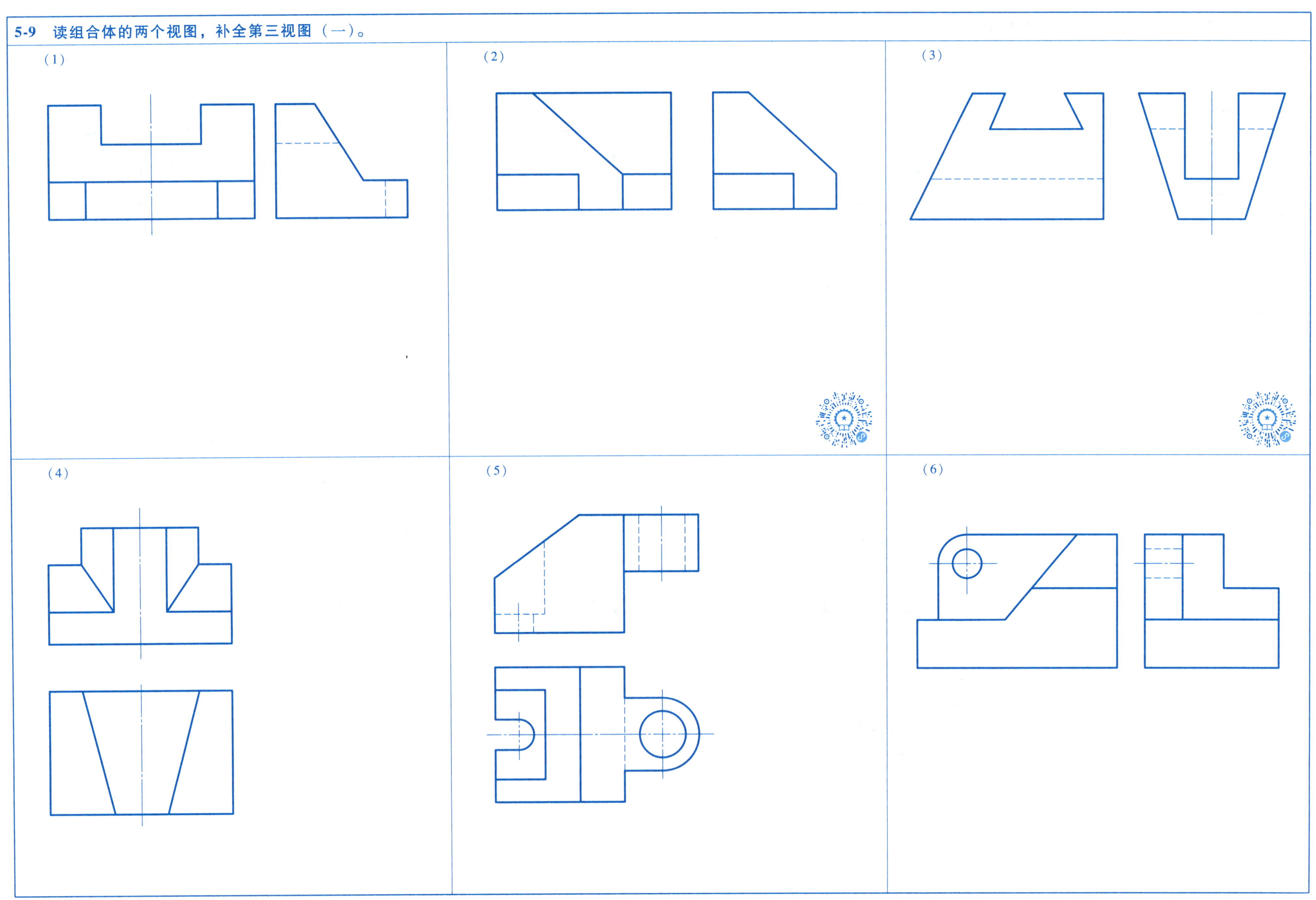

班级　　　　姓名　　　　审核

5-9 读组合体的两个视图，补全第三视图（二）。

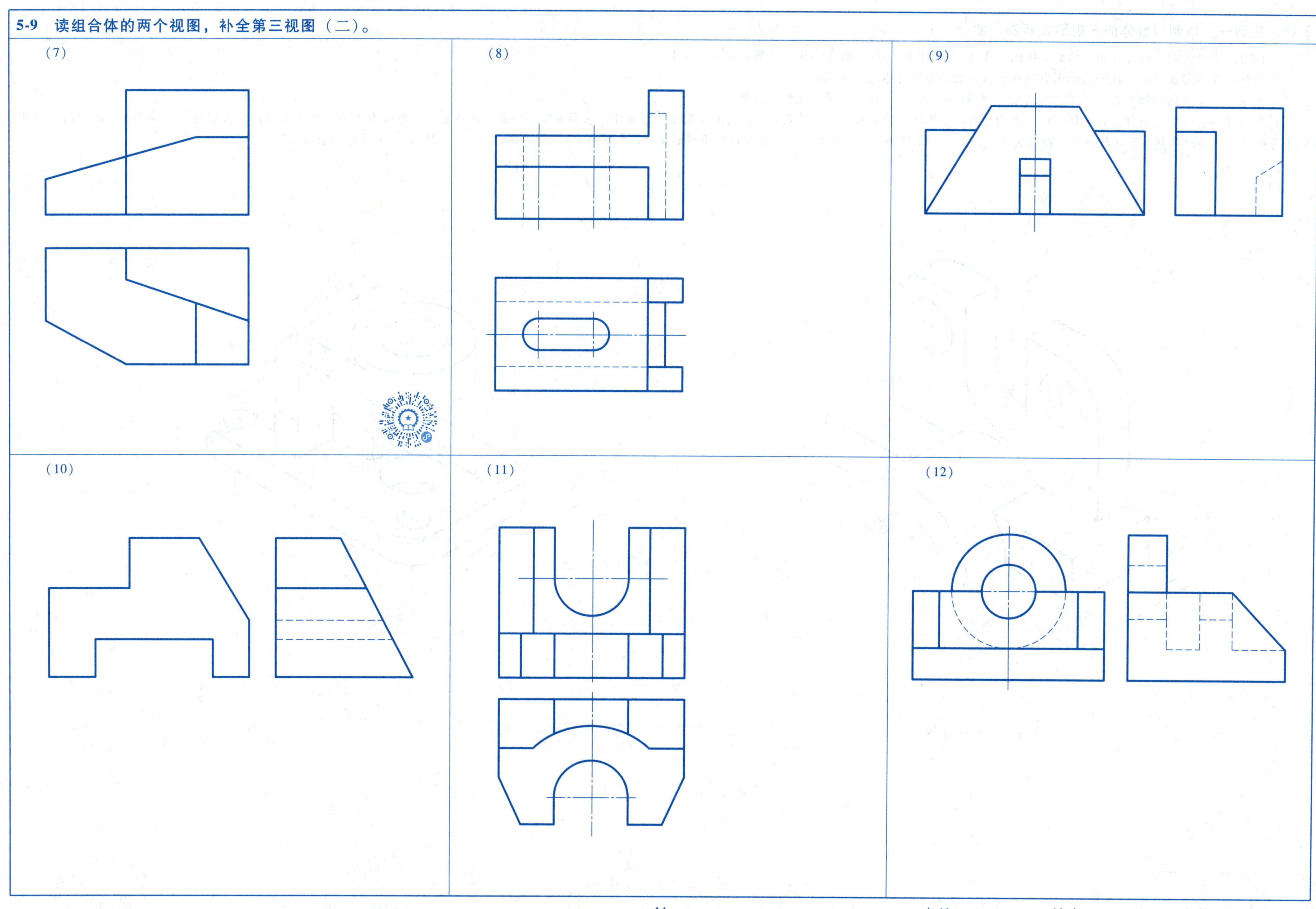

班级　　姓名　　审核

5-10 实训——绘制组合体的三视图并标注尺寸（一）。

1. 内容：根据实物、模型或组合体的立体图，在 A3 图幅上画 2~3 个组合体的三视图，并标注尺寸。

2. 目的：①练习组合体三视图的绘图方法和步骤；②练习组合体的尺寸标注。

3. 要求：①主视图选择合理，视图表达清晰，投影正确；②尺寸标注正确、完整、清晰。

4. 画法指导：①对组合体进行形体分析，弄清楚各基本组成部分之间的表面关系；②按自然位置摆放组合体，选择最能反映其形状特征或位置关系的方向作为主视图的投射方向；③画布图基准线；④用形体分析法逐个画出各基本组成部分的三视图底稿，注意将三个视图对应起来画，最先绘制最能反映形状特征的那一个视图；⑤标注尺寸；⑥检查、加深；⑦填写标题栏。

(1)

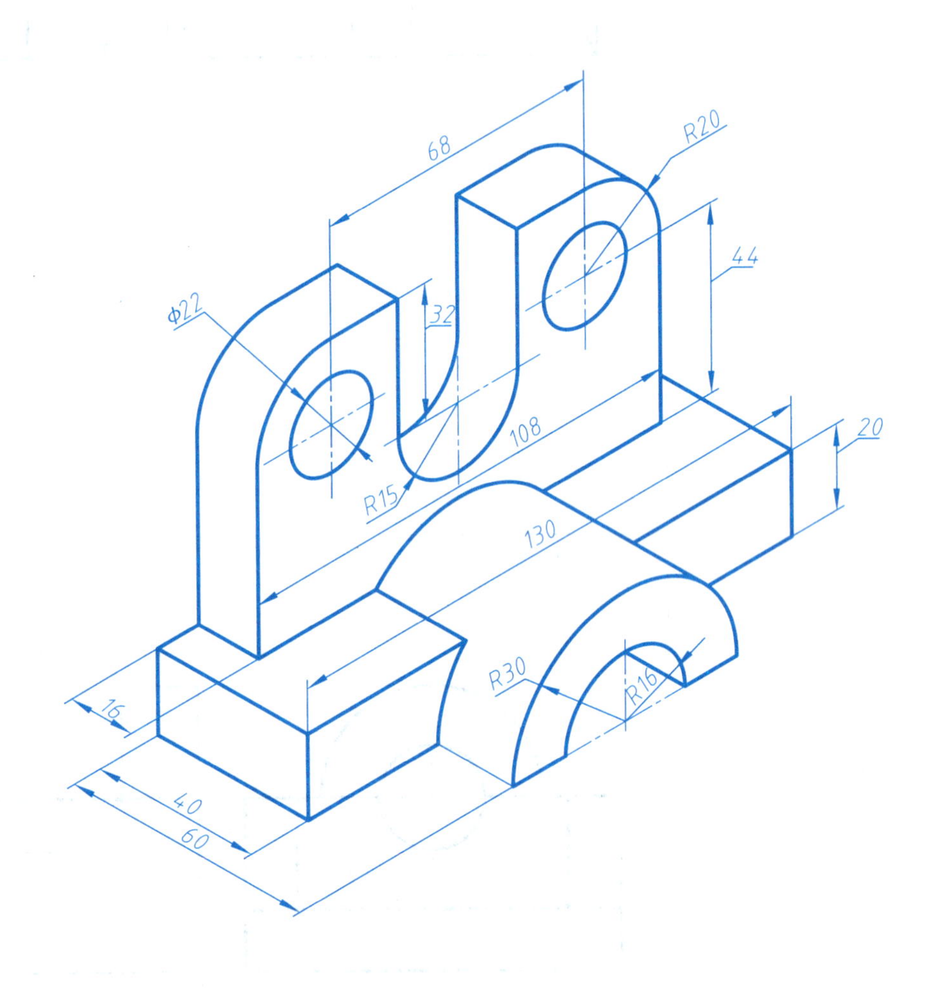

(2)

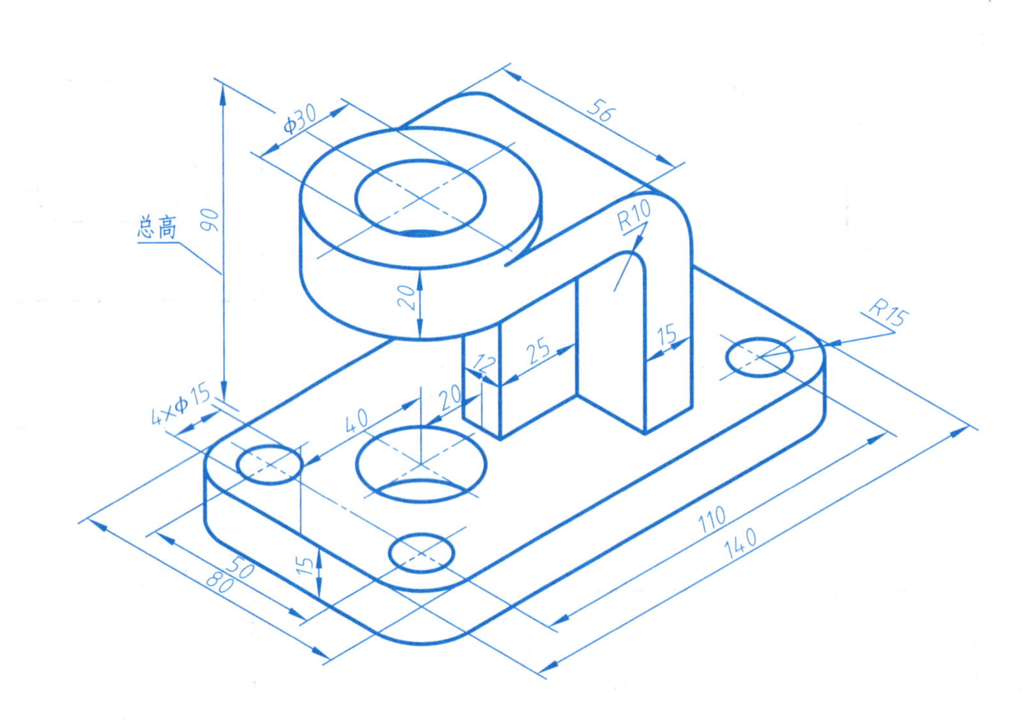

班级　　姓名　　审核

5-10 实训——绘制组合体的三视图并标注尺寸（二）。

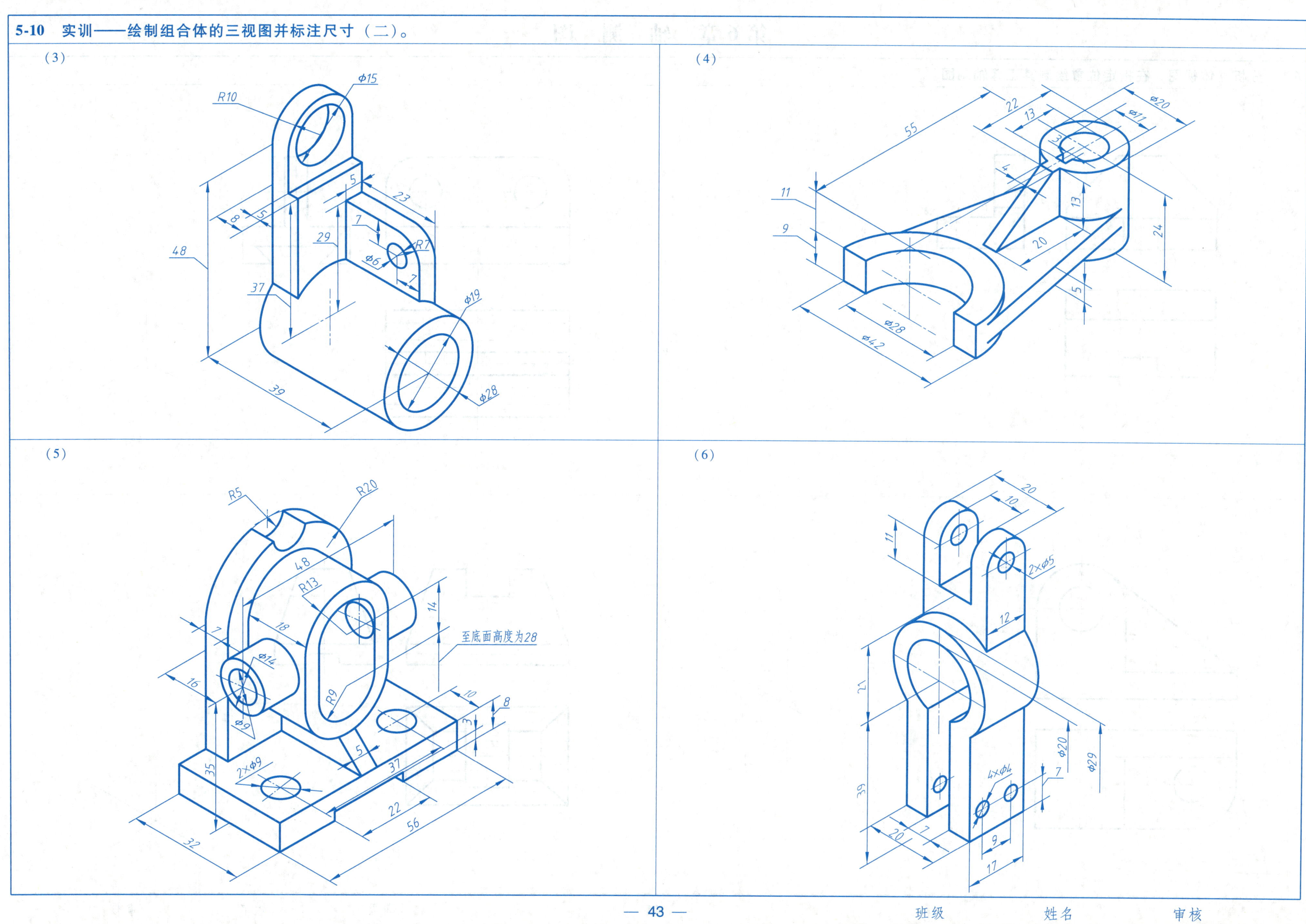

班级 姓名 审核

第6章　轴　测　图

6-1　分析立体视图，在指定位置绘制其正等轴测图。

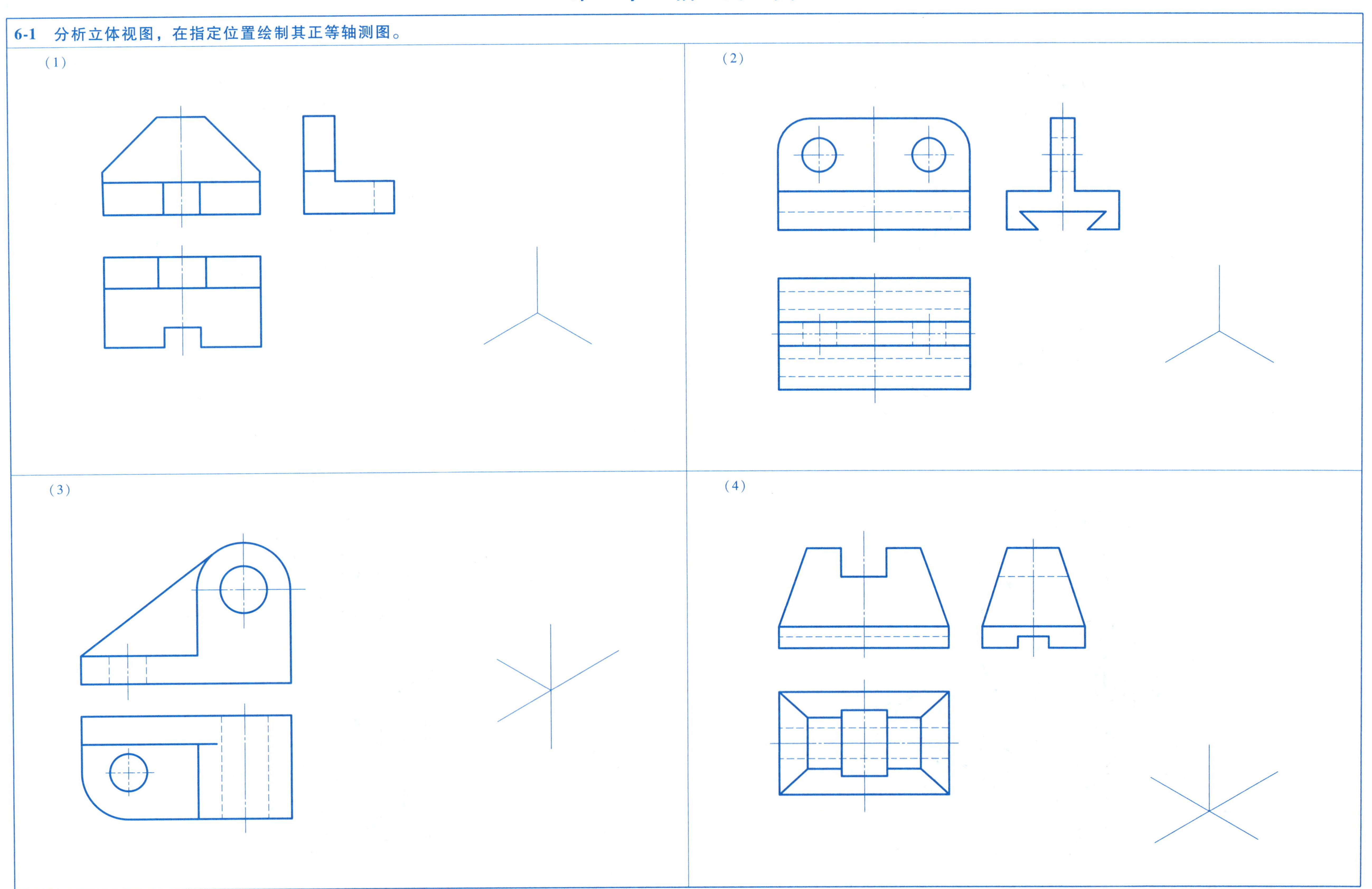

班级　　　　姓名　　　　审核

6-2 根据组合体视图，在指定位置徒手绘制其斜二轴测图。

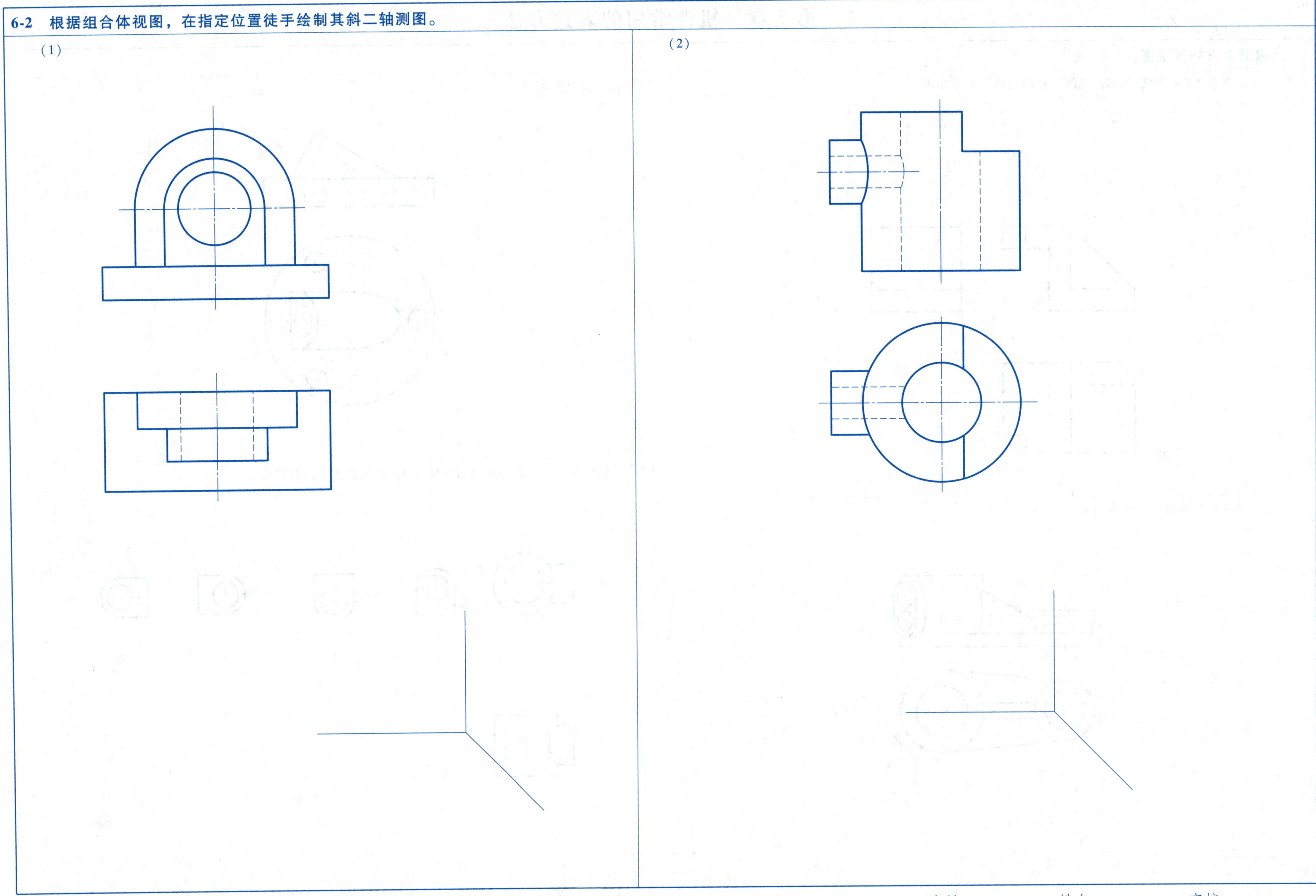

班级　　姓名　　审核

第 7 章　机件常用的表达方法

7-1　根据要求补画视图。

（1）根据主视图、俯视图和左视图，补画另外三个基本视图。

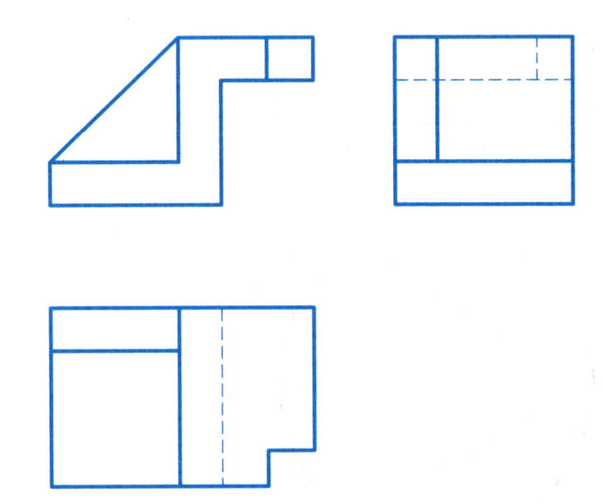

（2）画出局部视图 *A* 和斜视图 *B*。

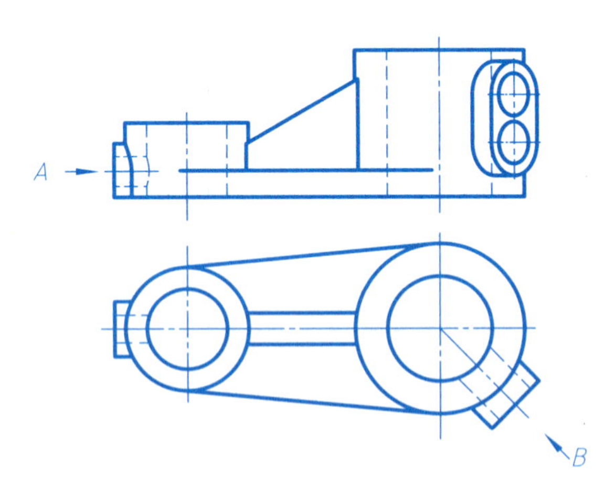

（3）画出斜视图 *A*。

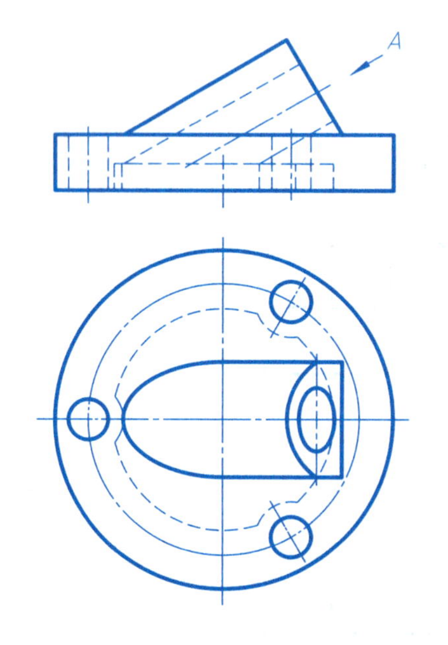

（4）根据已知视图，选择正确的向视图 *A*，并将答案填写在横线上。

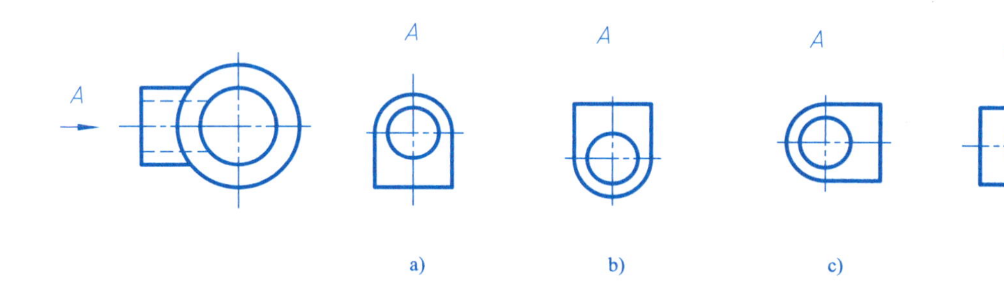

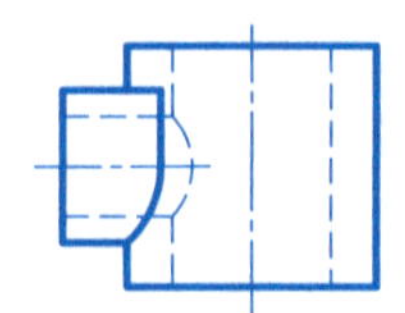

答案：________

班级　　　　姓名　　　　审核

7-2　根据要求作全剖视图（一）。

（1）作 *A*—*A* 的全剖视图。

（2）根据俯视图和左视图，在主视图的位置画出全剖视图。

（3）作全剖的左视图。

（4）根据俯视图和左视图，在主视图的位置画出全剖视图。

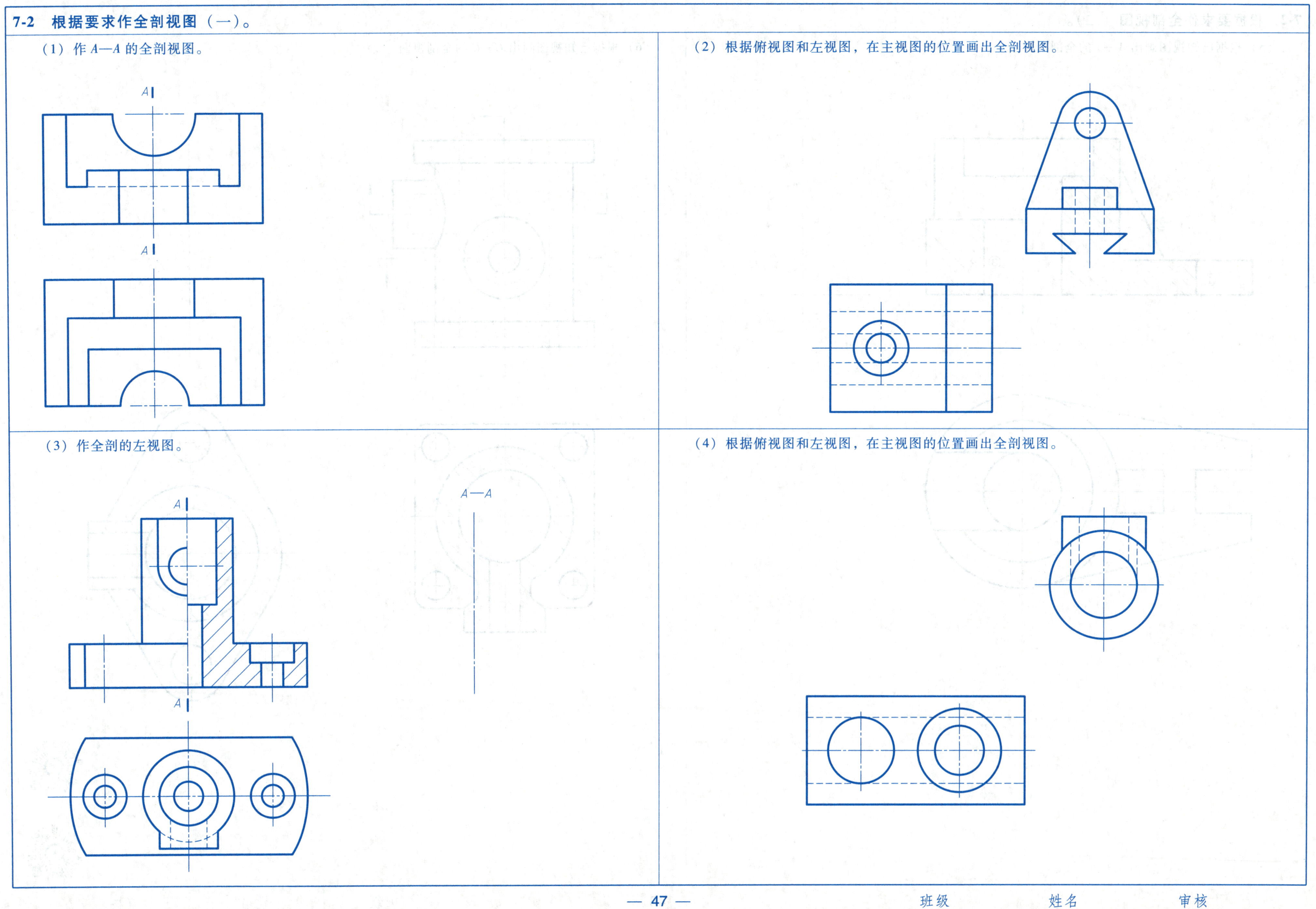

7-2 根据要求作全剖视图（二）。

（5）根据已知视图画出 $A—A$ 的全剖视图。

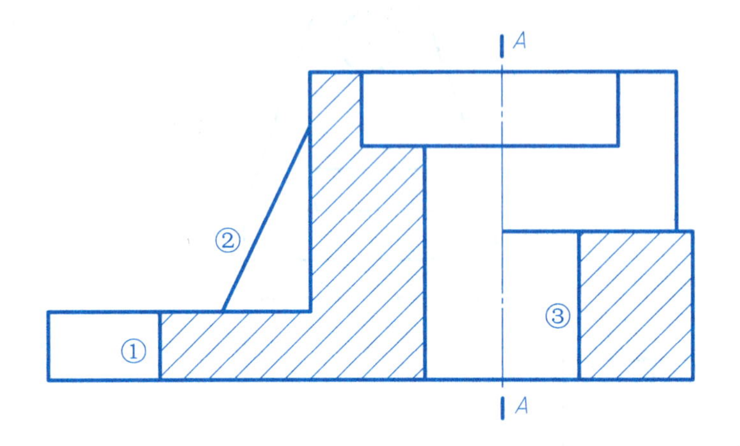

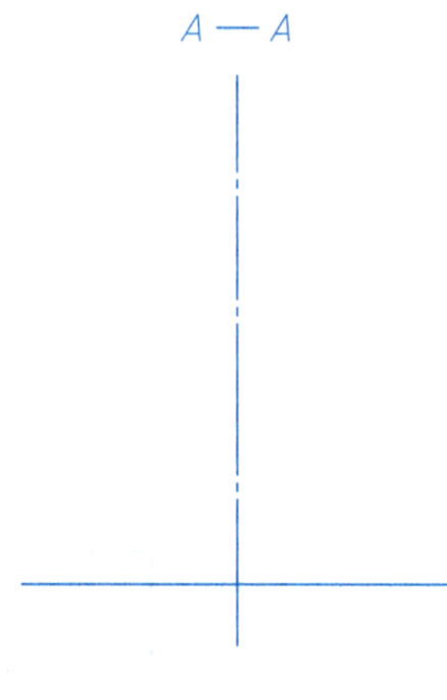

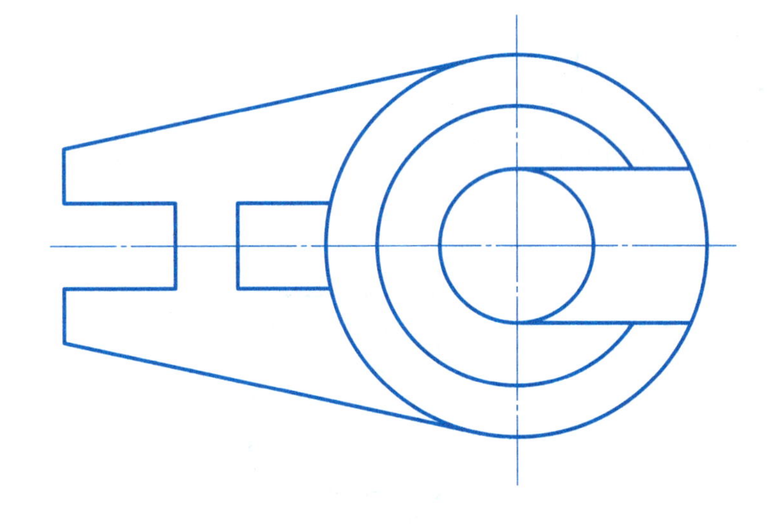

（6）根据已知视图画出 $C—C$ 的全剖视图。

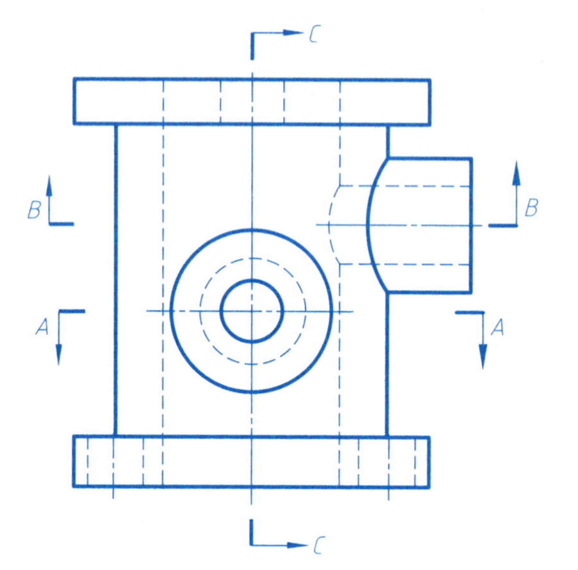

C—C

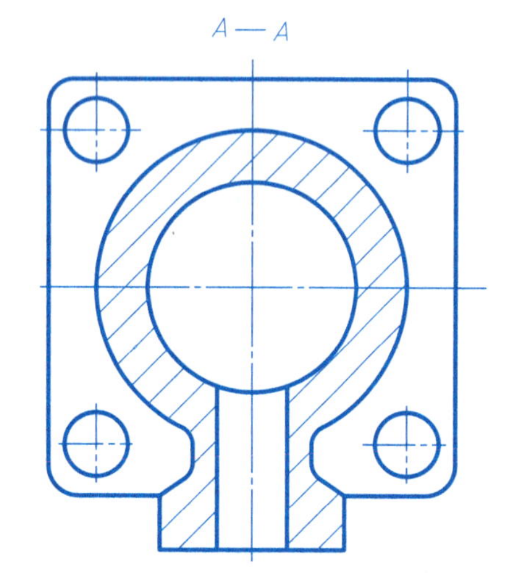

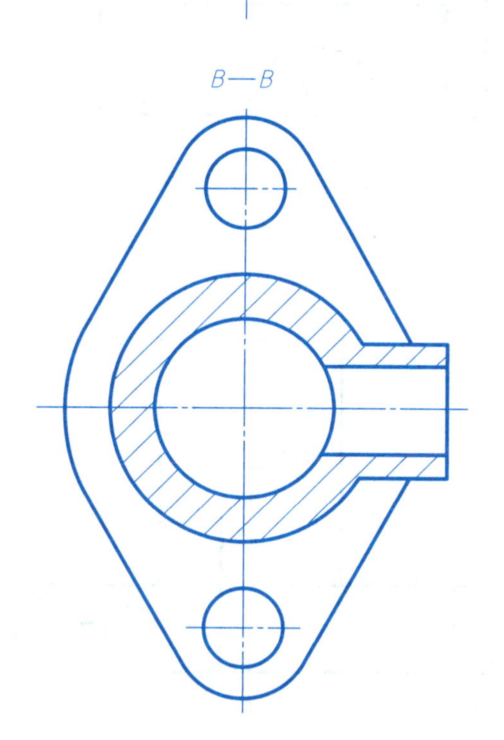

班级　　姓名　　审核

7-3 补画剖视图中所缺的图线。

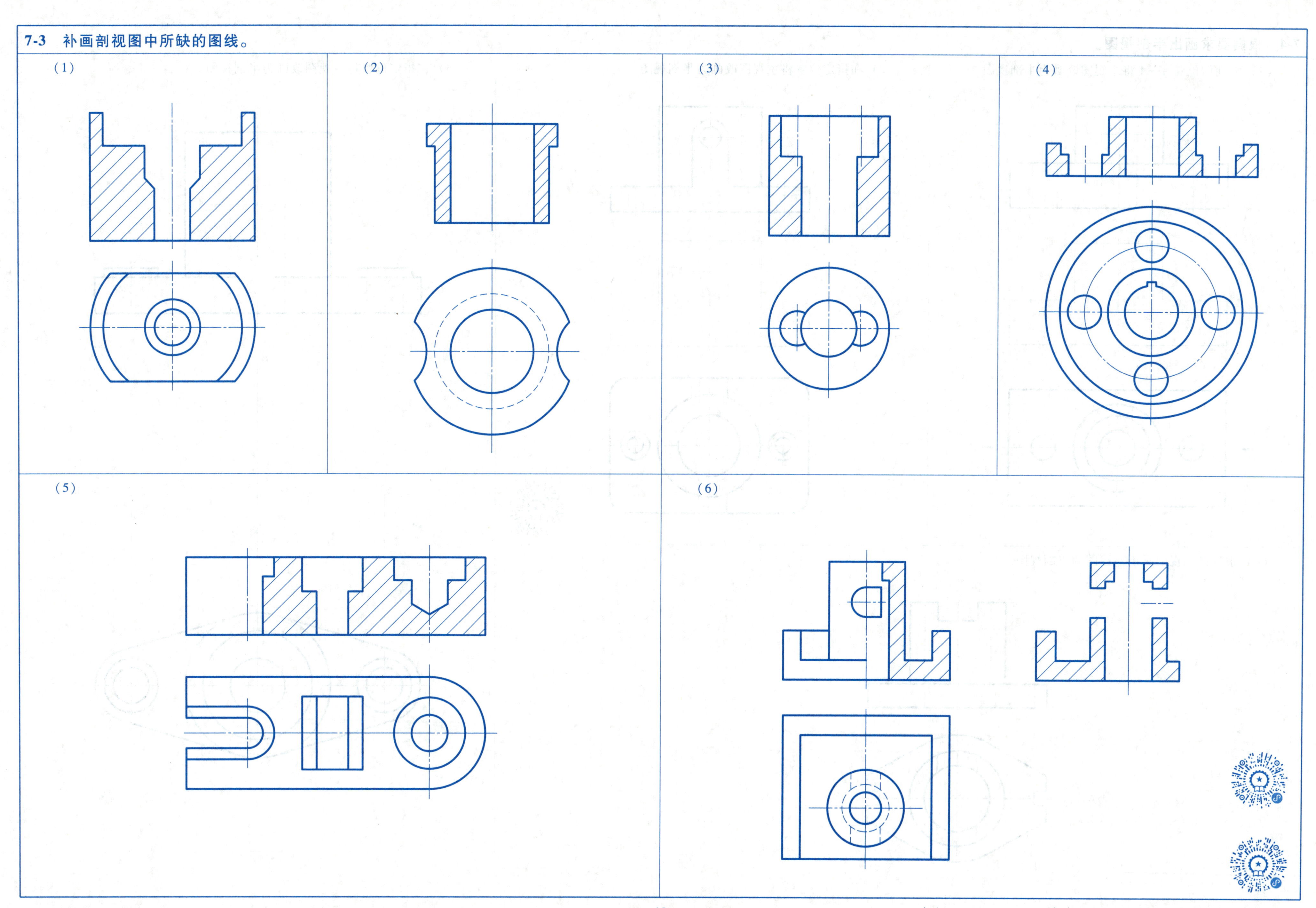

班级 姓名 审核

7-4 根据要求画出半剖视图。

（1）沿剖切位置 A—A 将主视图改画为半剖视图。

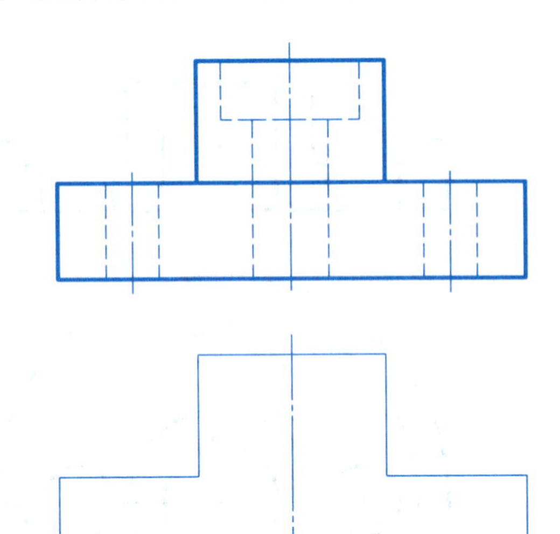

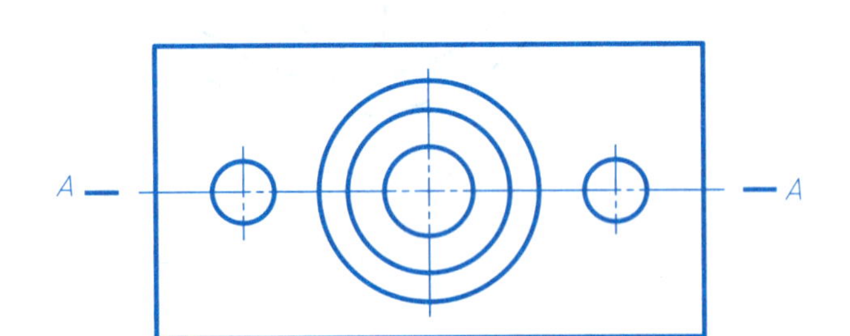

（2）在指定位置将主视图改画为半剖视图。

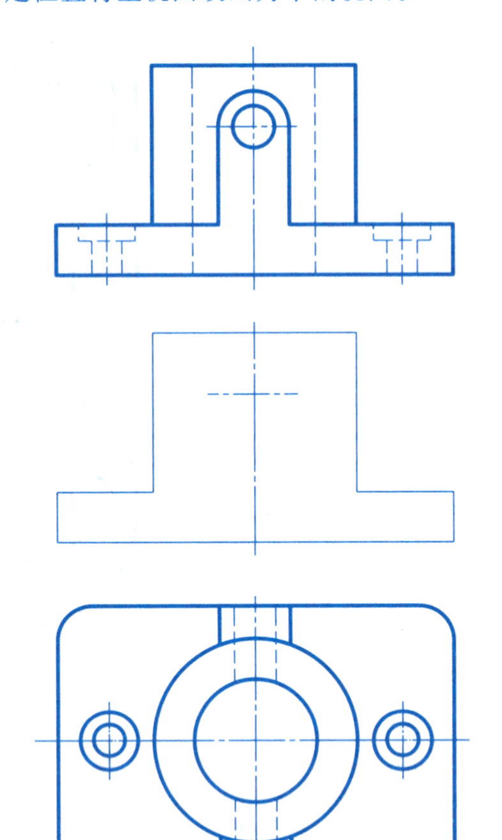

（3）在指定位置将主视图改画为半剖视图。

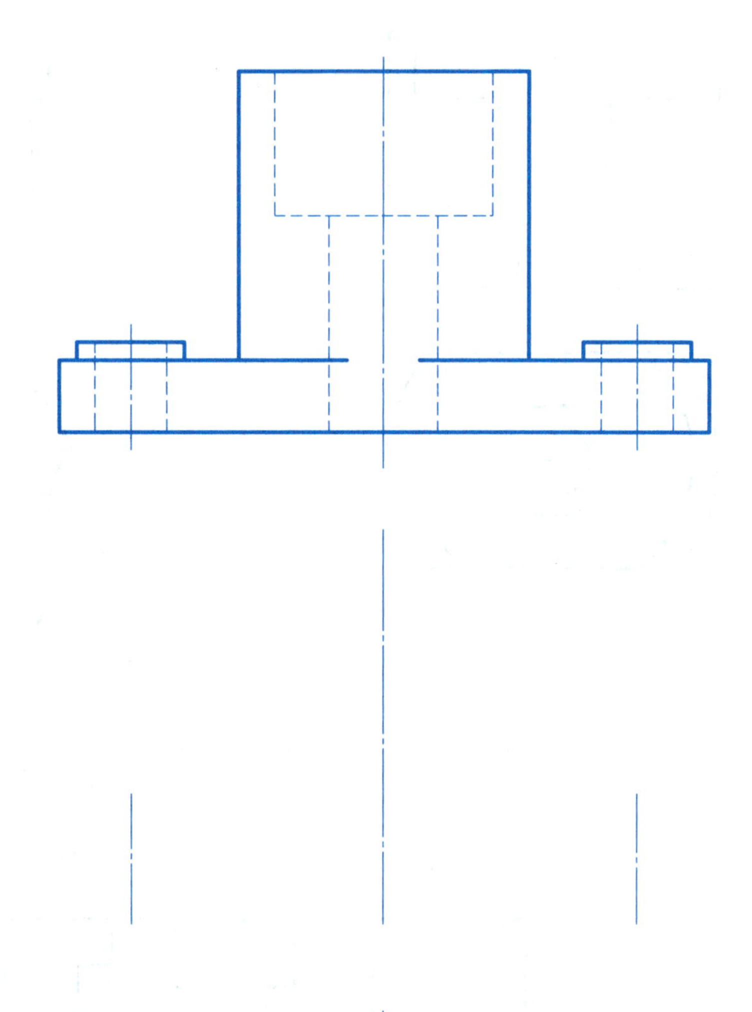

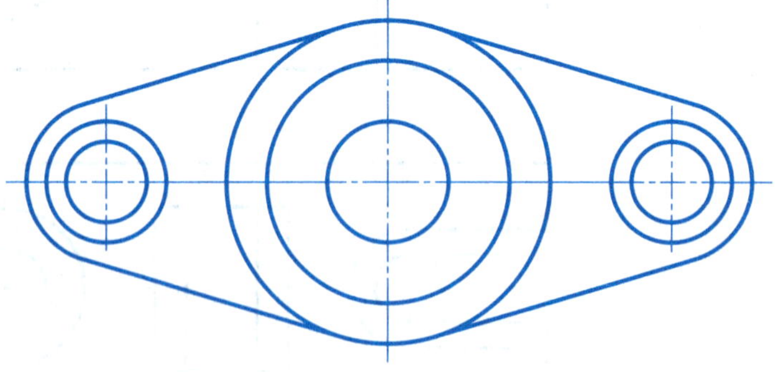

（4）根据已知视图画出左视图的半剖视图。

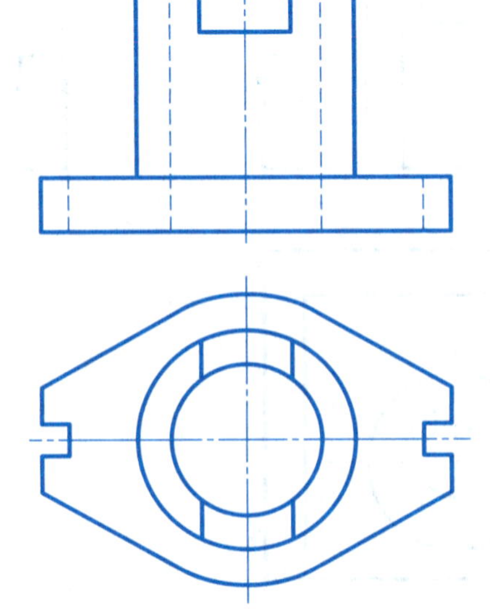

班级　　姓名　　审核

7-5　根据要求作出局部剖视图。

（1）分析视图中的错误，并在右侧作出正确的局部剖视图。

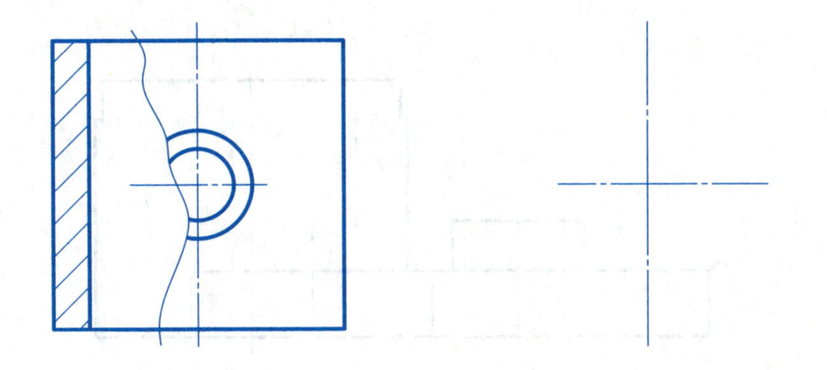

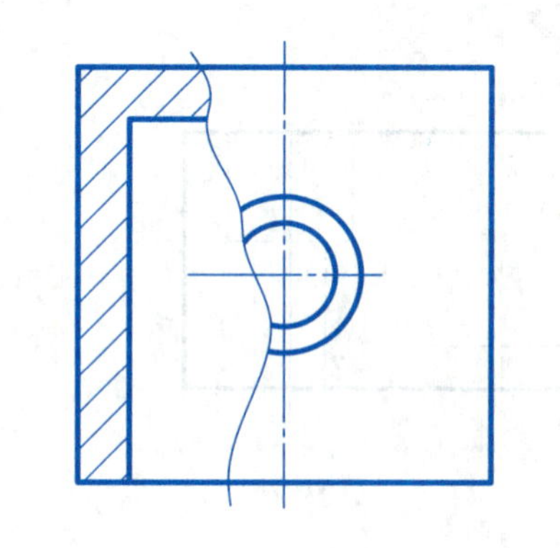

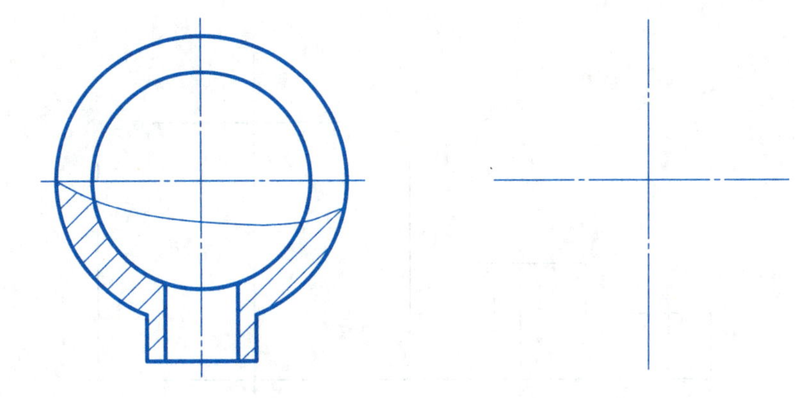

（2）把主视图和俯视图改画为局部剖视图。

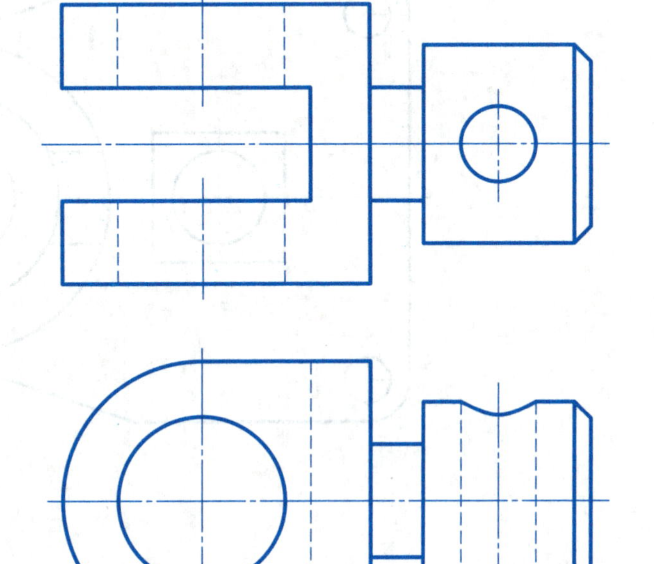

班级　　姓名　　审核

7-6 分析机件的结构，采用合适的平行平面剖切机件，作出全剖的主视图。

（1）用几个平行的剖切平面，把主视图画成全剖视图。

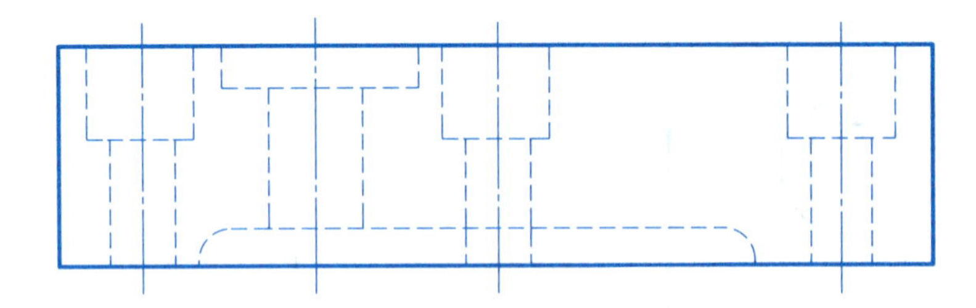

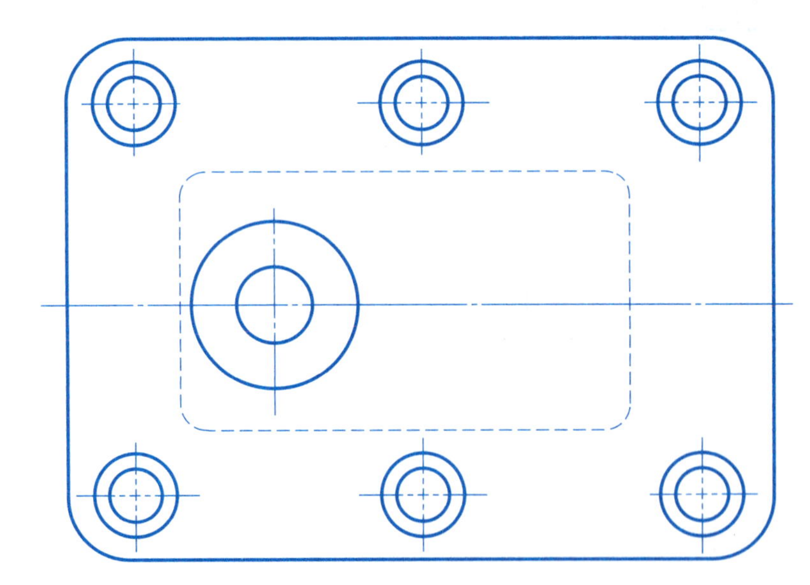

（2）用几个平行的剖切平面，把主视图画成全剖视图。

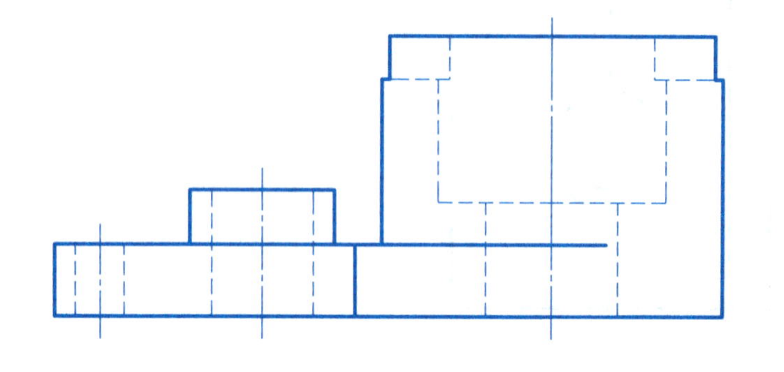

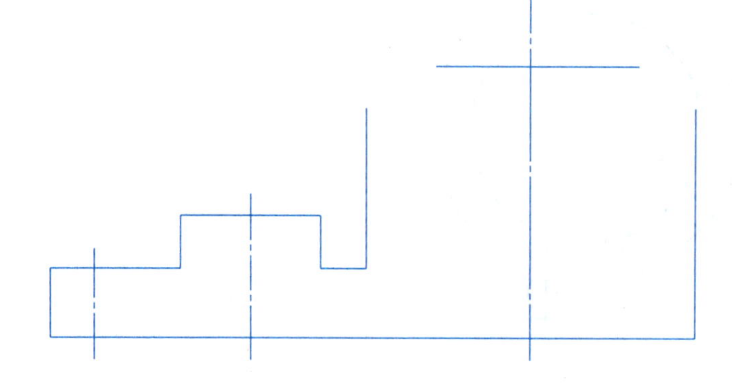

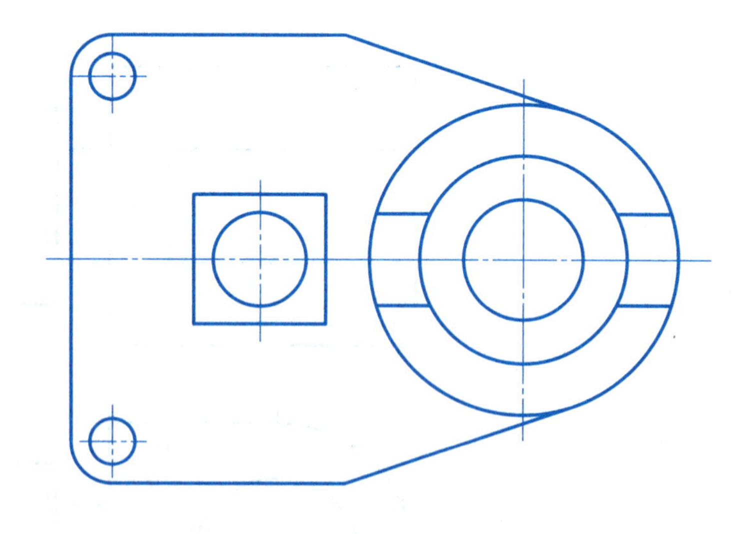

班级 姓名 审核

7-7 分析机件的结构，用两个相交平面剖切机件，作出全剖的主视图。

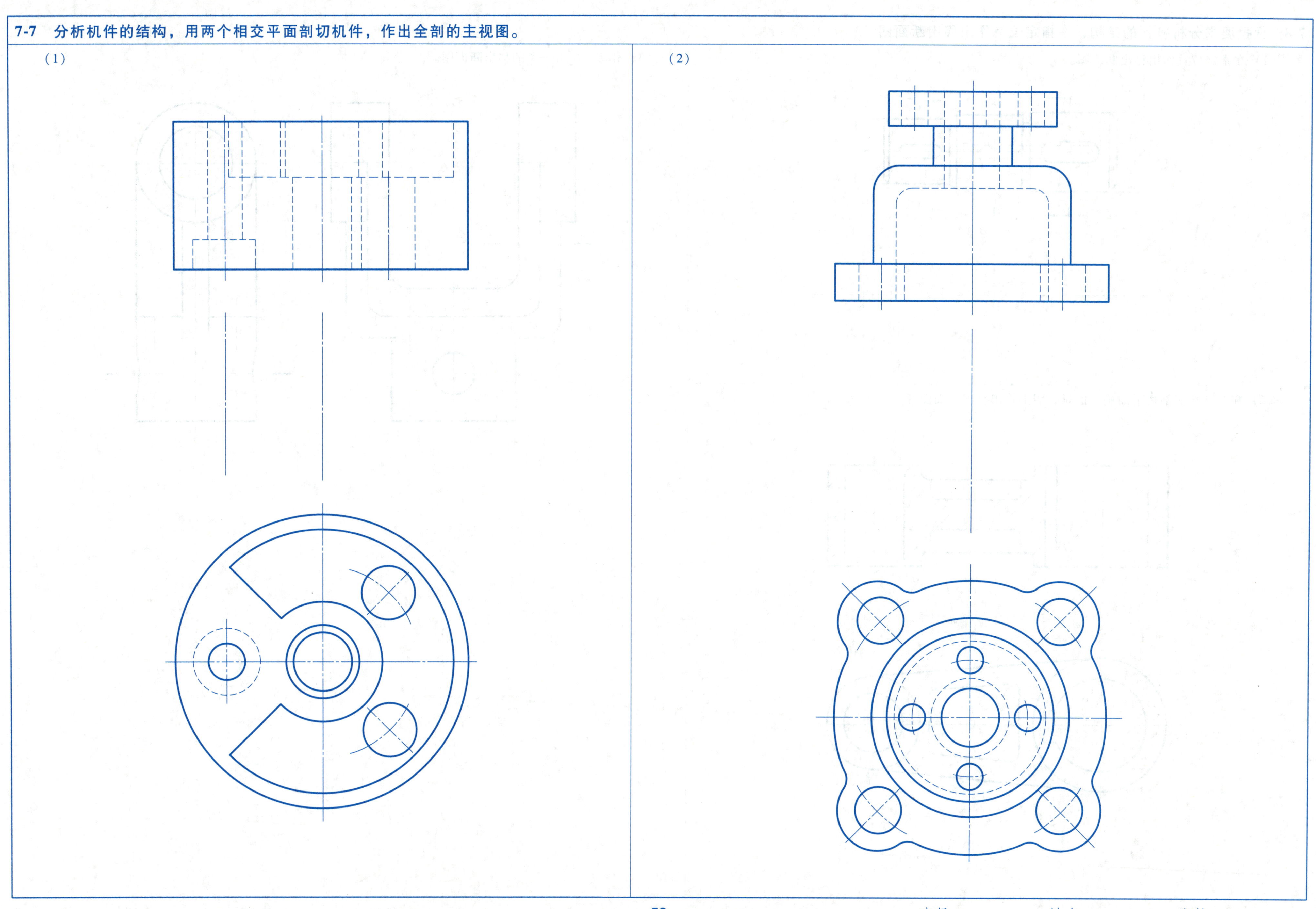

班级　　姓名　　审核

7-8 根据要求分析机件的结构，在指定位置作出移出断面图。

（1）在指定位置作出移出断面图。

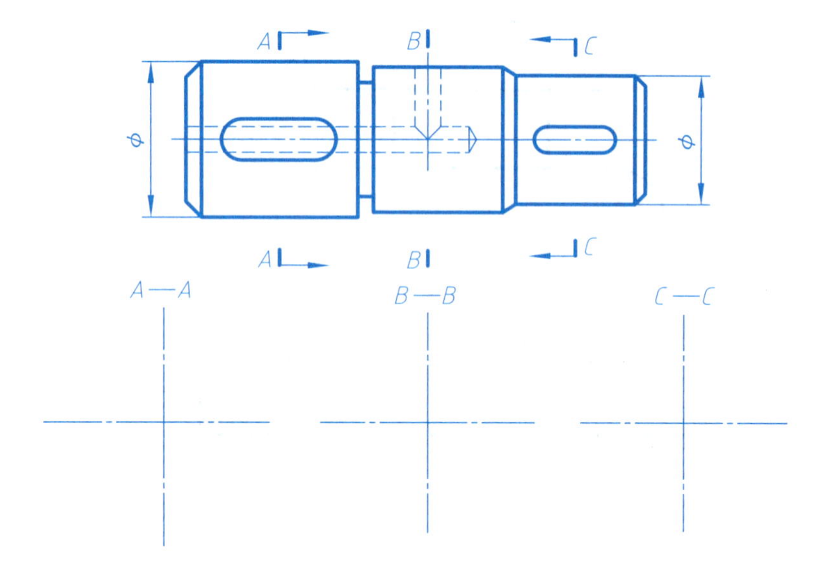

（2）在两条相交剖切平面迹线的延长线上作出移出断面图。

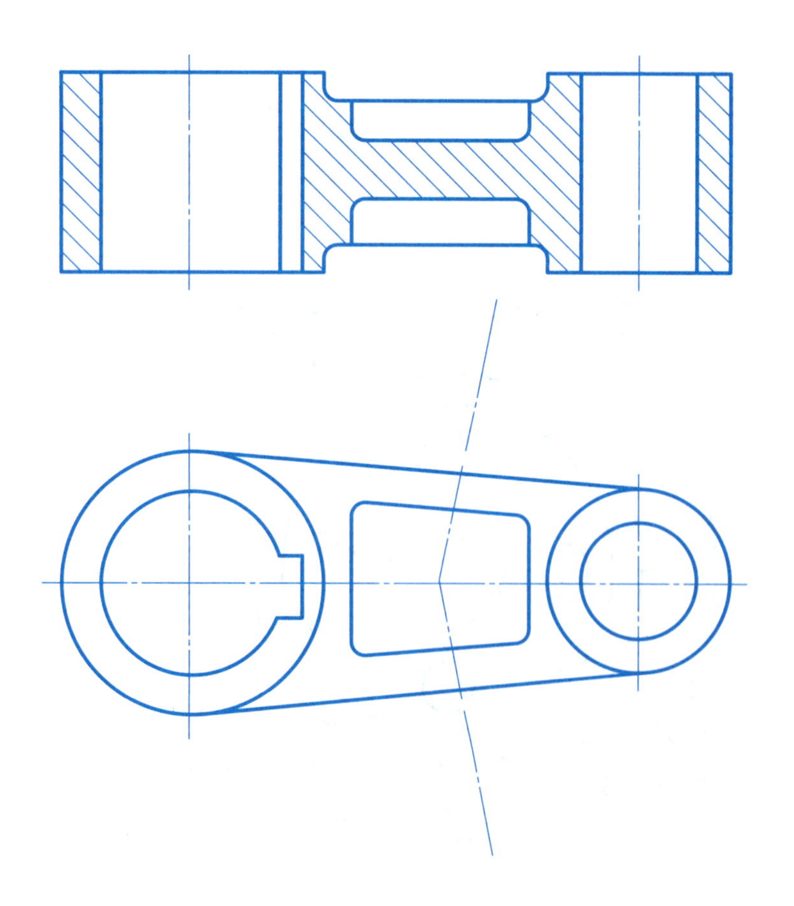

（3）作 *B—B*、*A—A* 的移出断面图。

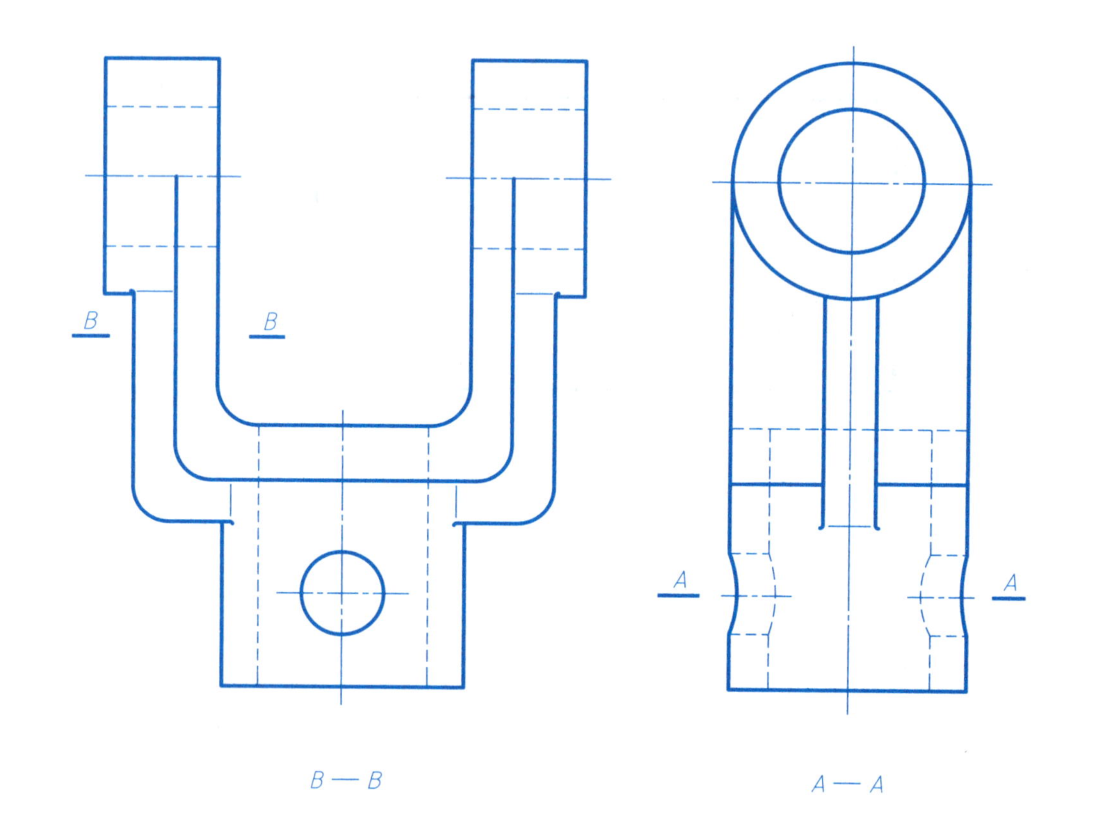

班级 姓名 审核

7-9 分析机件的结构，按要求完成其结构表达（一）。

（1）在指定位置把主视图画成全剖视图，把左视图画成半剖视图。

（2）在指定位置把主视图画成半剖视图，把左视图画成全剖视图。

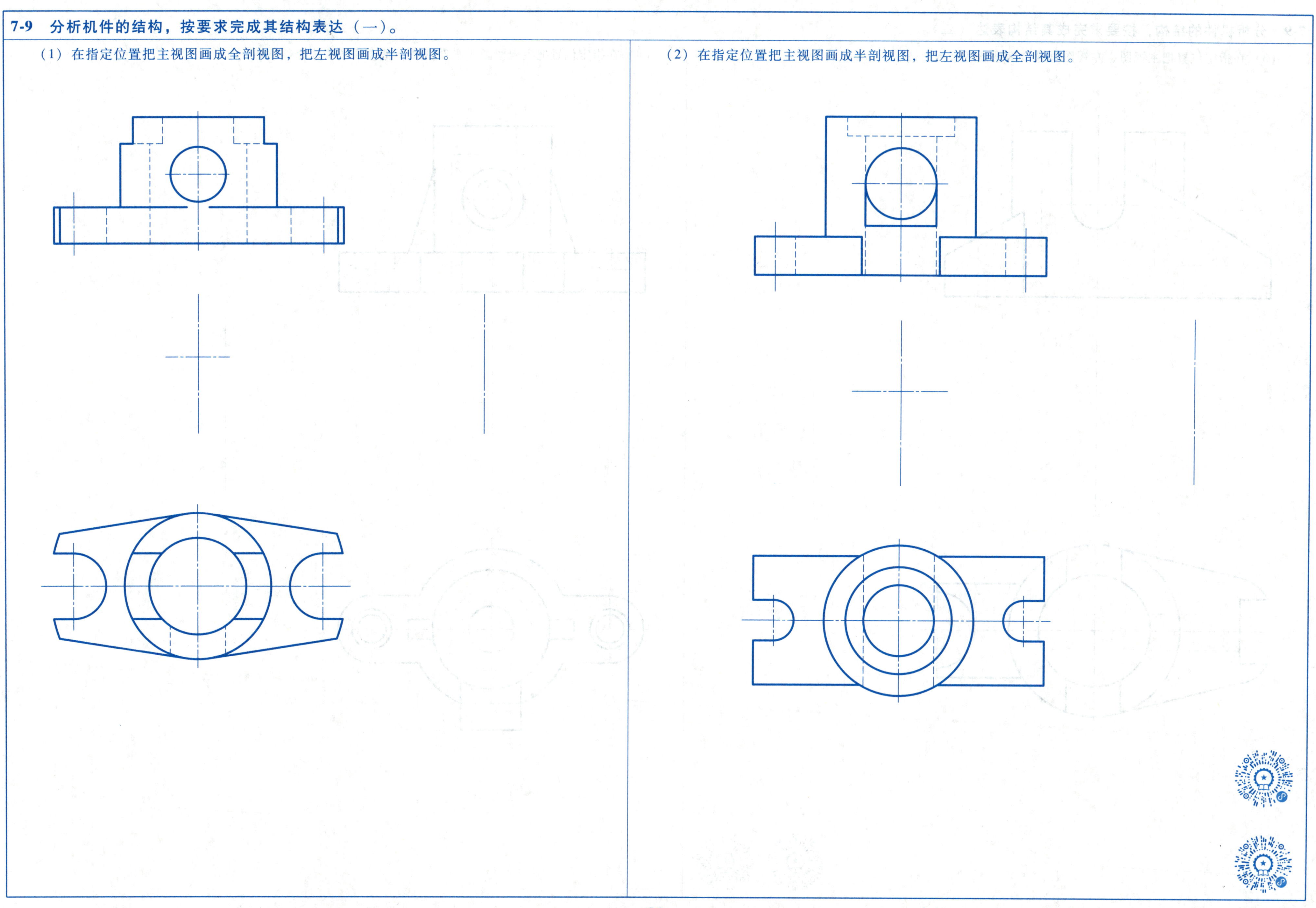

班级　　姓名　　审核

7-9 分析机件的结构，按要求完成其结构表达（二）。

（3）在指定位置把主视图、左视图画成全剖视图或半剖视图。

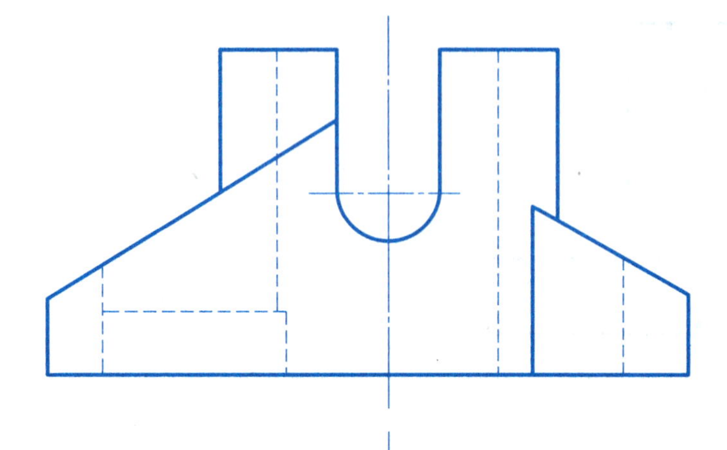

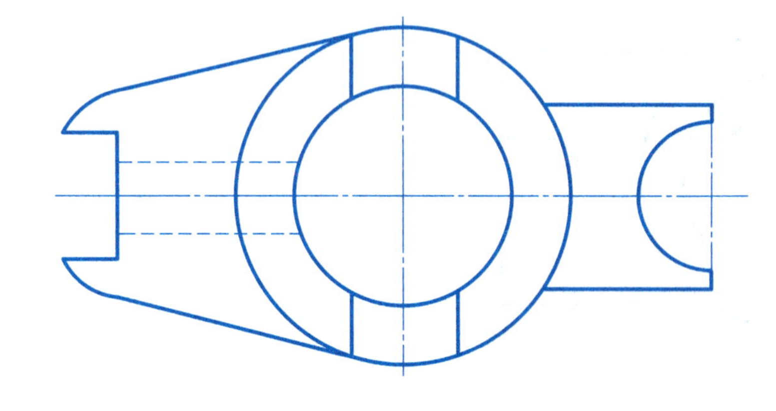

（4）在指定位置把主视图画成半剖视图，把左视图画成全剖视图。

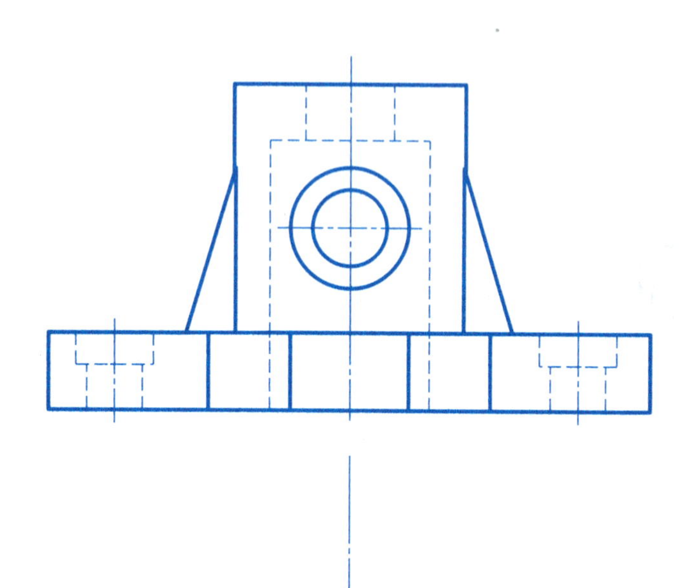

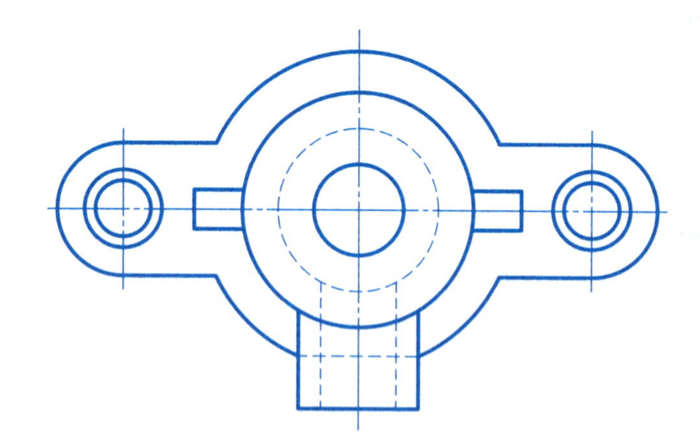

班级 姓名 审核

7-10 综合练习（一）。

（1）分析机件的结构，选用适当的表达方法表达下列机件，并标注尺寸（采用 A3 图纸，比例自定）。

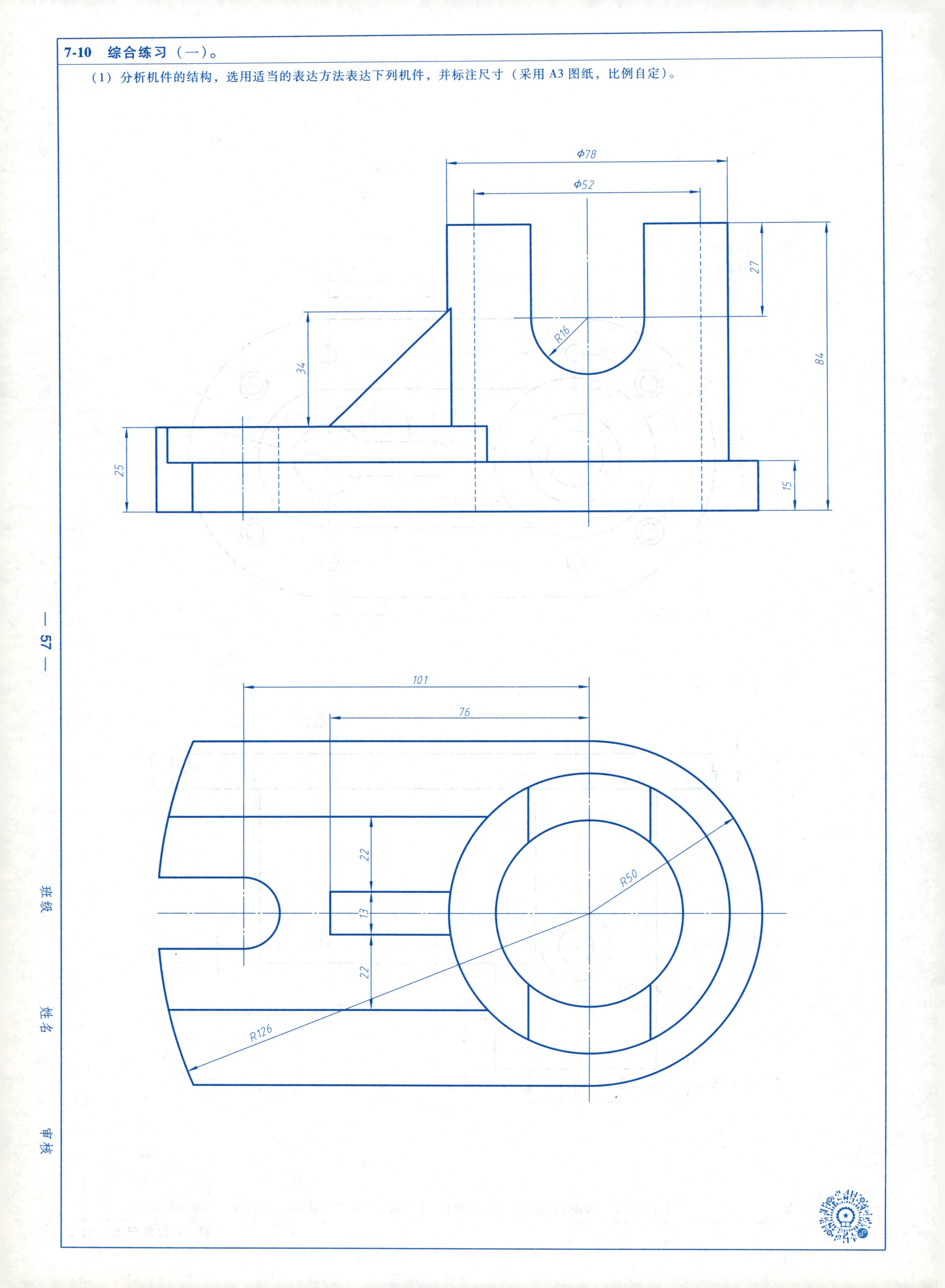

班级 姓名 审核

7-10　综合练习（二）。

（2）分析机件的结构，选用适当的表达方法表达下列机件，并标注尺寸（采用 A3 图纸，比例自定）。

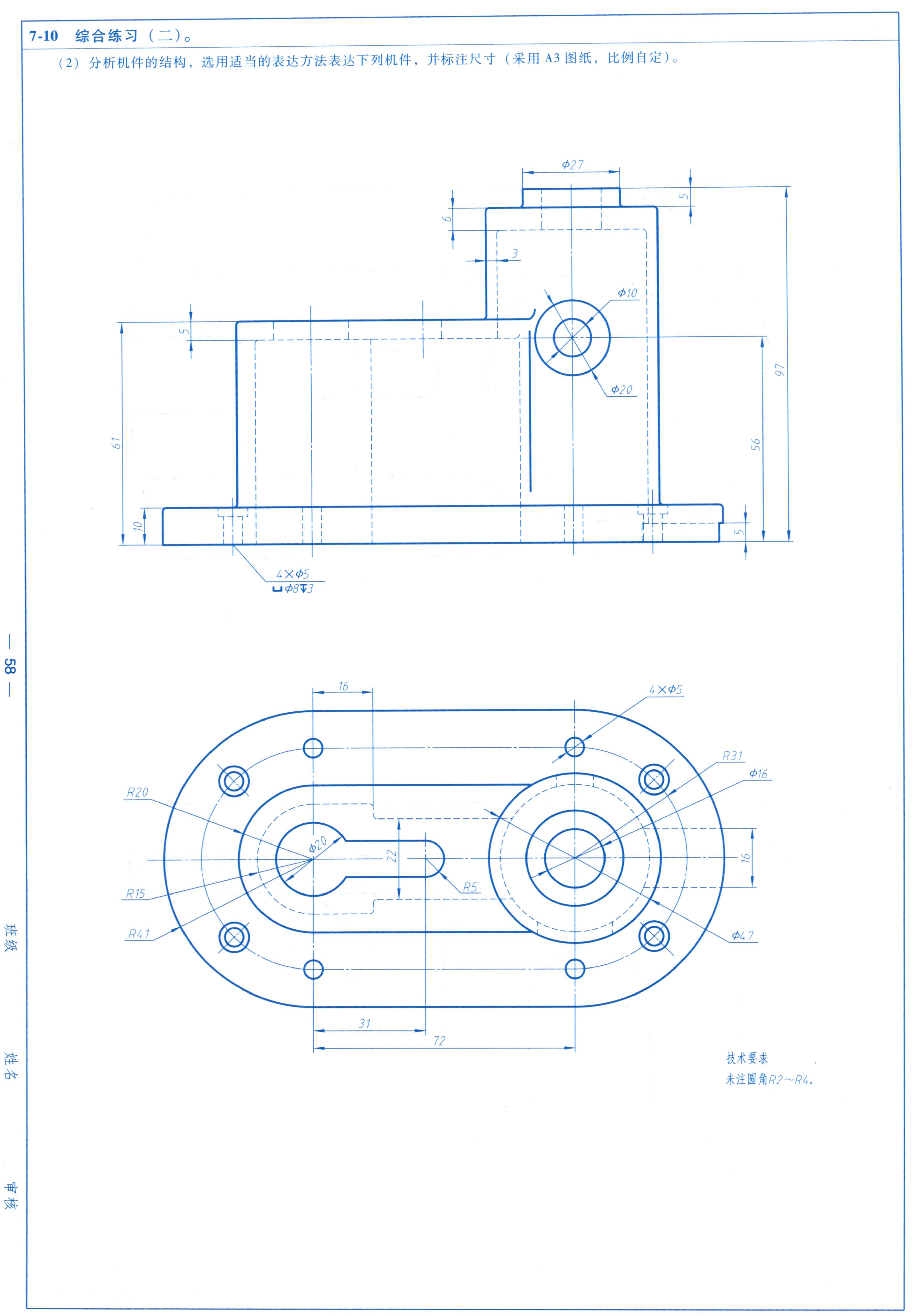

8-1　分析下列螺纹画法中的错误，并把正确的图形画在下方指定位置。

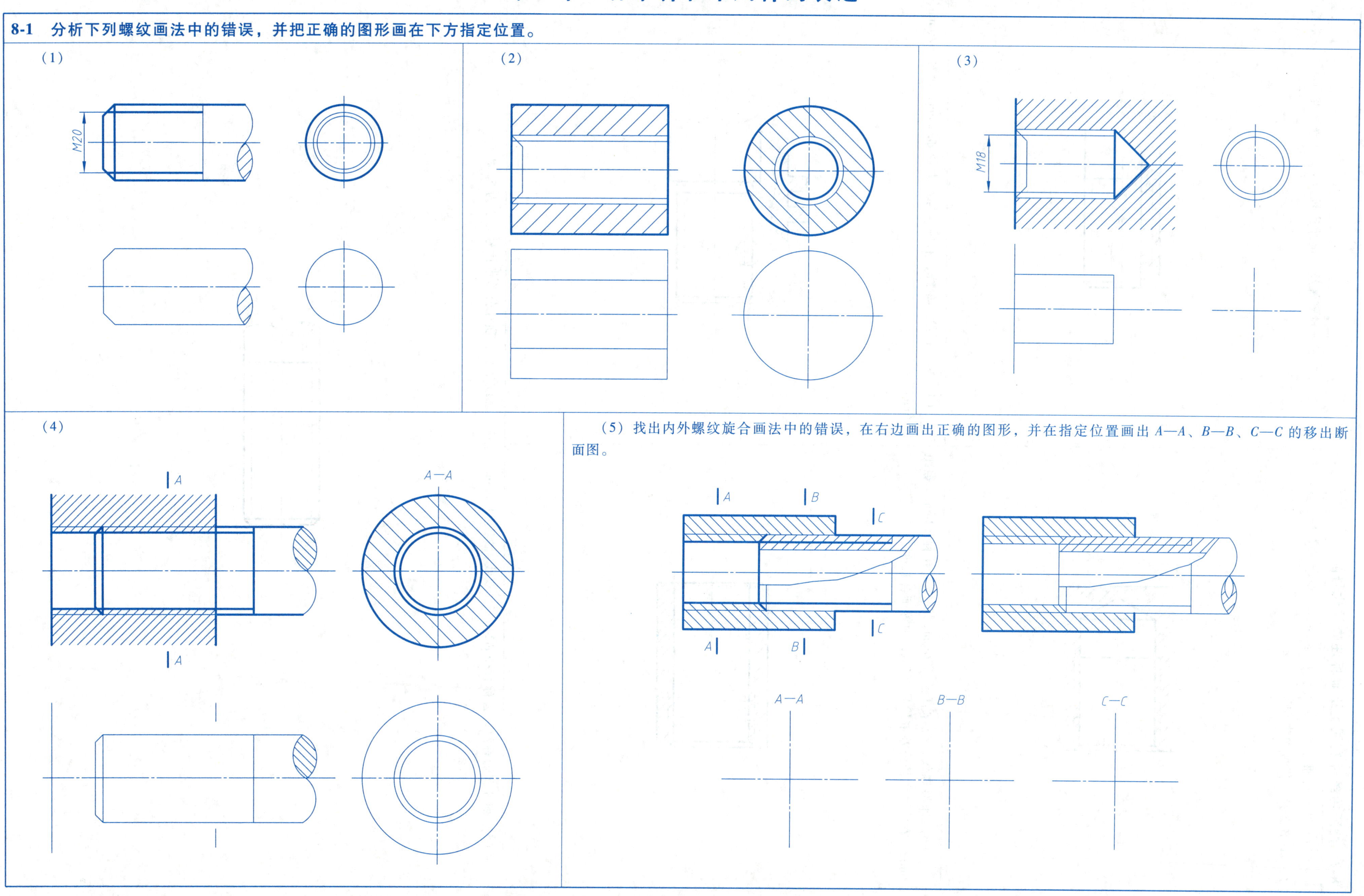

班级　　姓名　　审核

8-2 按所给条件在图上正确标注螺纹代号。

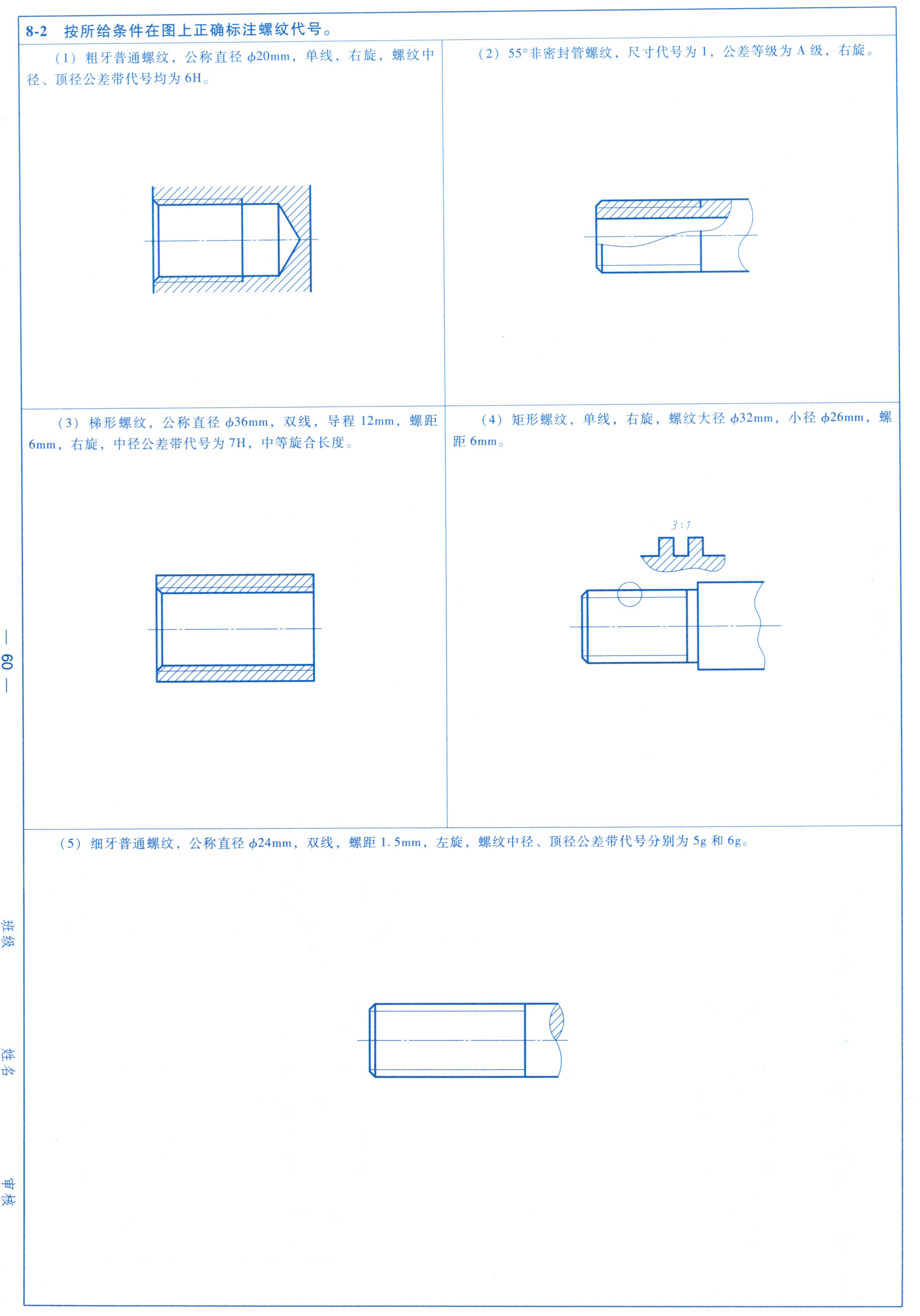

（1）粗牙普通螺纹，公称直径 ϕ20mm，单线，右旋，螺纹中径、顶径公差带代号均为 6H。

（2）55°非密封管螺纹，尺寸代号为 1，公差等级为 A 级，右旋。

（3）梯形螺纹，公称直径 ϕ36mm，双线，导程 12mm，螺距 6mm，右旋，中径公差带代号为 7H，中等旋合长度。

（4）矩形螺纹，单线，右旋，螺纹大径 ϕ32mm，小径 ϕ26mm，螺距 6mm。

（5）细牙普通螺纹，公称直径 ϕ24mm，双线，螺距 1.5mm，左旋，螺纹中径、顶径公差带代号分别为 5g 和 6g。

班级　　姓名　　审核

8-3 根据螺纹连接件的代号，查表后注出全部尺寸，并填写规定标记。

（1）螺栓　GB/T 5782—2016-M24×100。

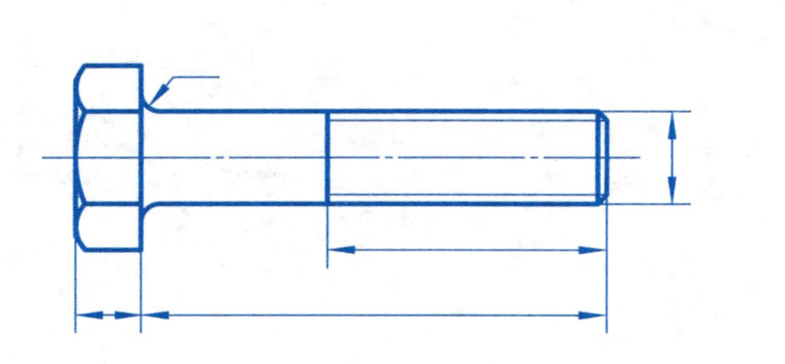

规定标记：________

（2）螺母　GB/T 6170—2015-M24。

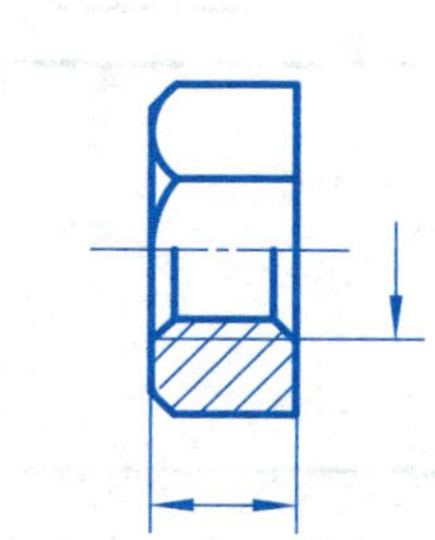

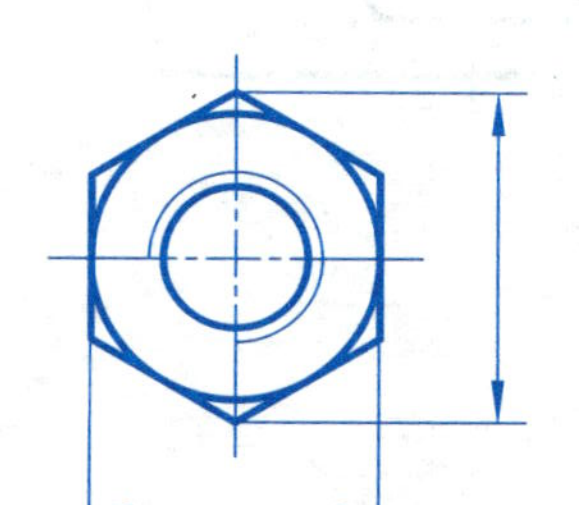

规定标记：________

（3）垫圈　GB/T 97.2—2002-24。

30°

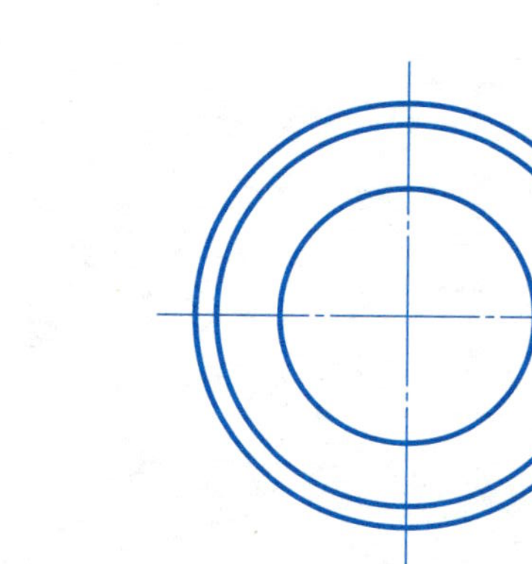

规定标记：________

班级　　姓名　　审核

8-4 找出左边双头螺柱连接装配图中的错误，在右边画出正确的连接图（主视图画成全剖视图）。

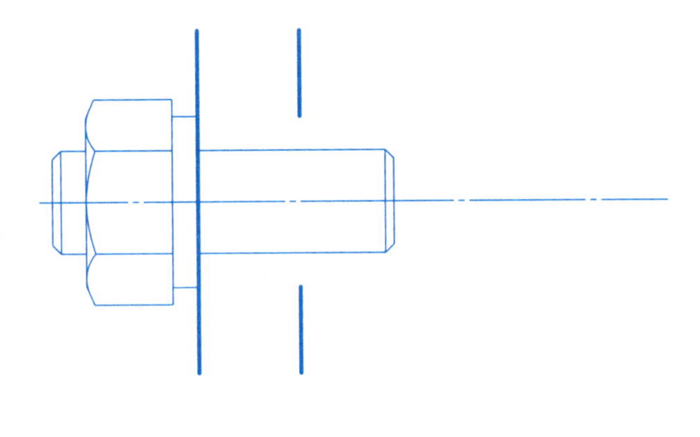

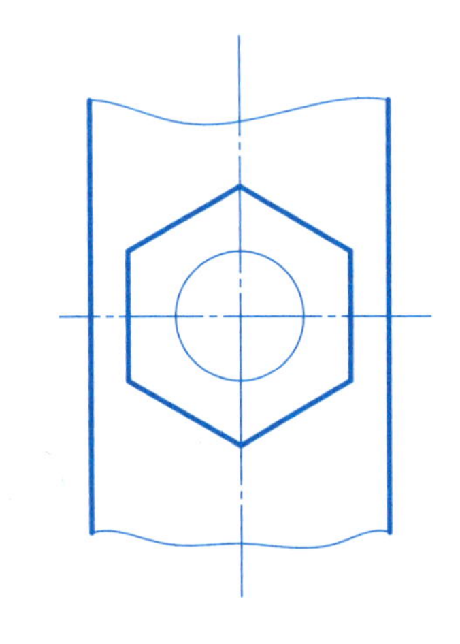

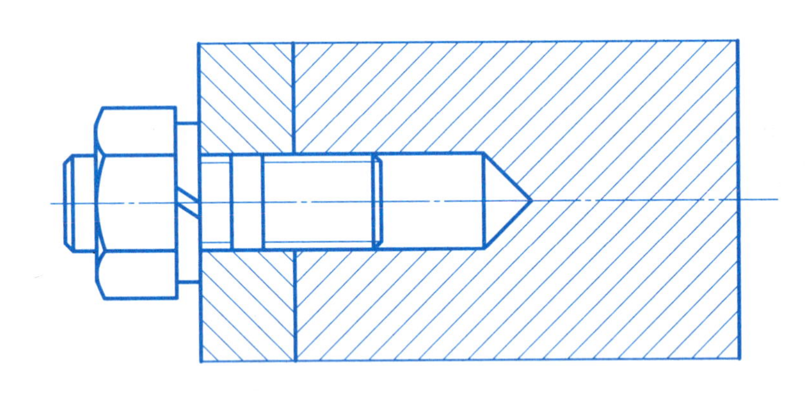

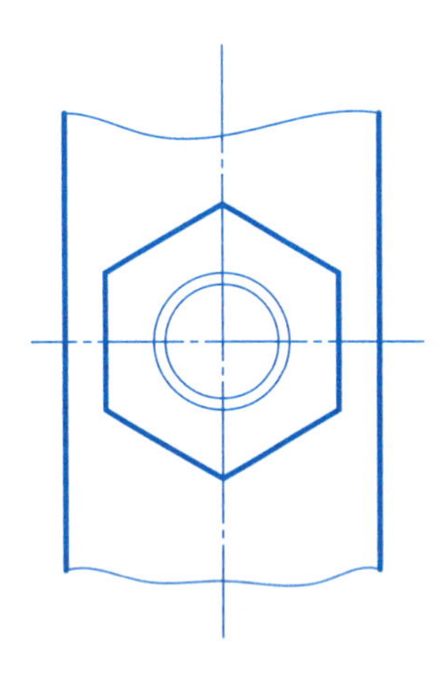

班级 姓名 审核

8-5 根据给定参数，按 1：1 的比例画出螺栓连接装配图的三视图（主视图画成全剖视图）。

已知：两板厚度 $d_1=20$mm，$d_2=35$mm，长度 $l=70$mm，宽度 $B=50$mm。

螺栓　GB/T 5782—2016-M20×L　（L 计算后取标准值）。

螺母　GB/T 6170—2015-M20。

垫圈　GB/T 97.1—2002-20。

班级　　姓名　　审核

8-6 根据要求完成普通平键或销的连接画法与标记，绘图所需尺寸查相关标准。

（1）在右边空白处画出轴的断面图，并注全键槽的尺寸。

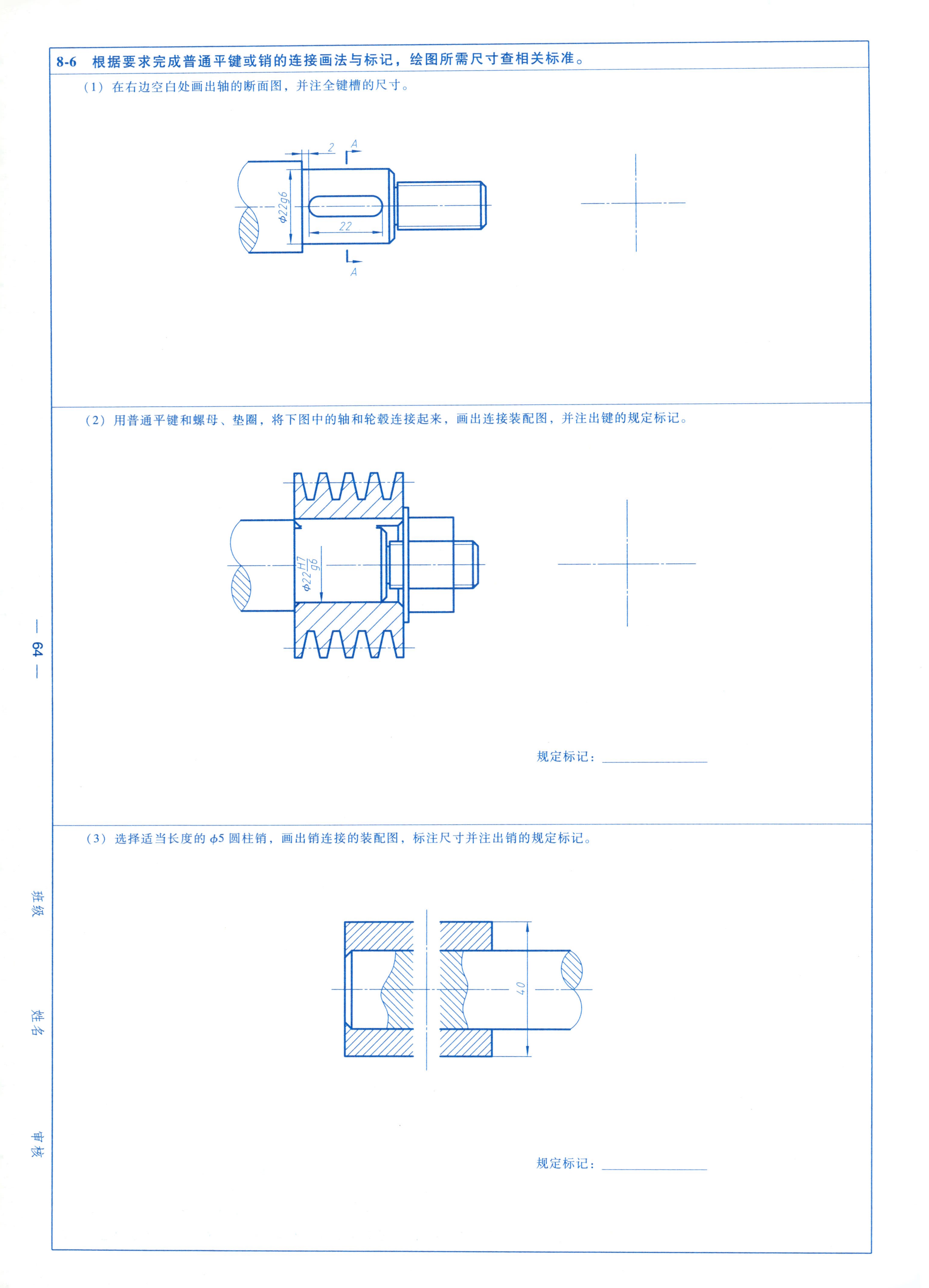

（2）用普通平键和螺母、垫圈，将下图中的轴和轮毂连接起来，画出连接装配图，并注出键的规定标记。

规定标记：________

（3）选择适当长度的 $\phi5$ 圆柱销，画出销连接的装配图，标注尺寸并注出销的规定标记。

规定标记：________

班级　　姓名　　审核

8-7 已知两啮合齿轮的基本参数，计算需要的尺寸参数，按 1∶1 的比例完成其啮合装配图（剖视图）。

模数 m/mm	齿数 z_1	齿数 z_2	孔径 d_1/mm	孔径 d_2/mm	齿轮宽度 b_1/mm	齿轮宽度 b_2/mm
4	17	21	18	22	20	23

班级 姓名 审核

8-8 根据立体图所示，将齿轮、滚动轴承、键等零件装配在轴上（轴的结构与尺寸见下页），要求用 2∶1 的比例将轴系装配图画在 A3 图纸上。绘图时未知的尺寸可从有关标准中查得或计算求得，装配图上不注尺寸。标题栏内的名称为：轴系装配图。

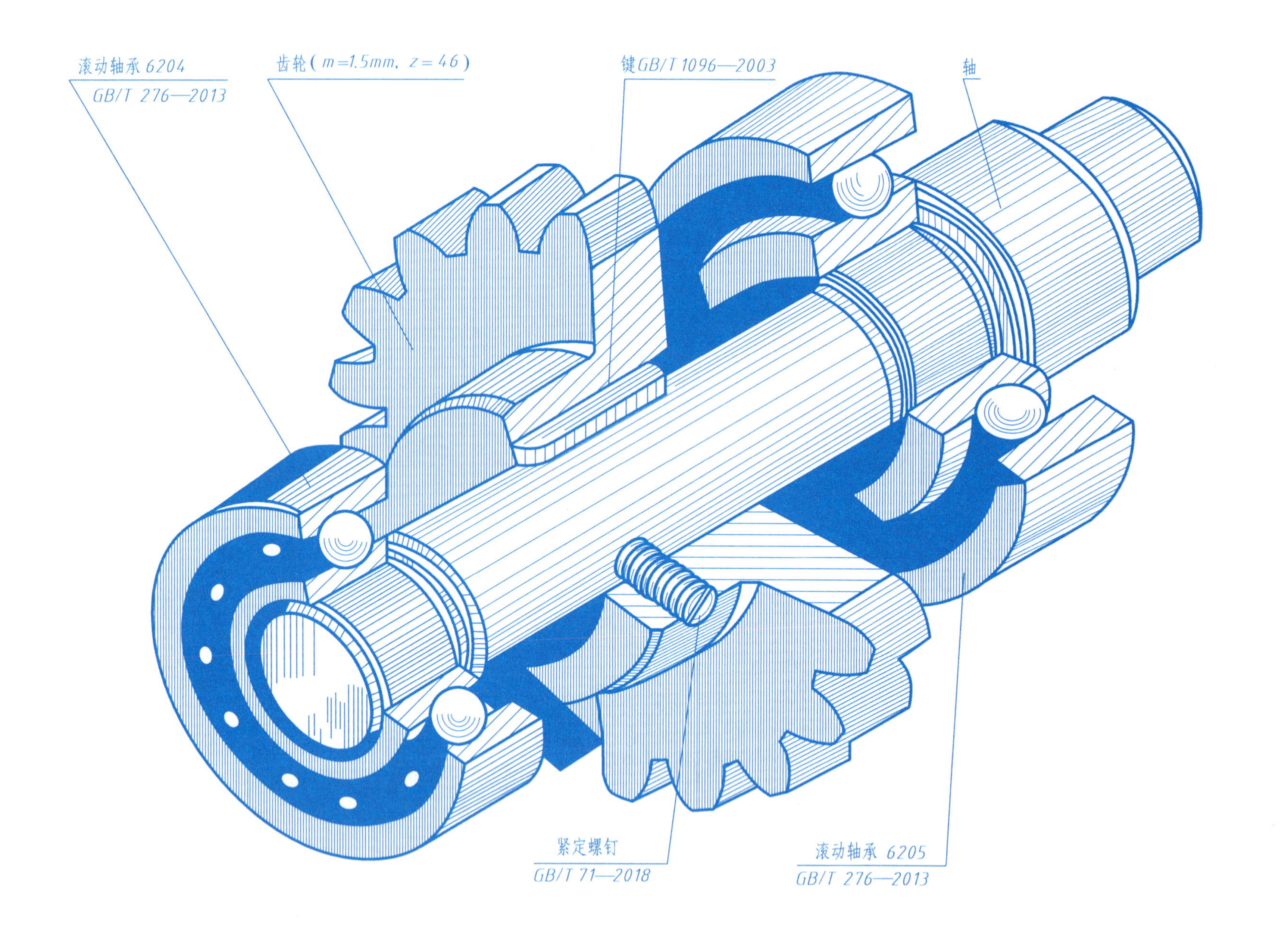

班级　　姓名　　审核

8-8　续页（轴的零件图）。

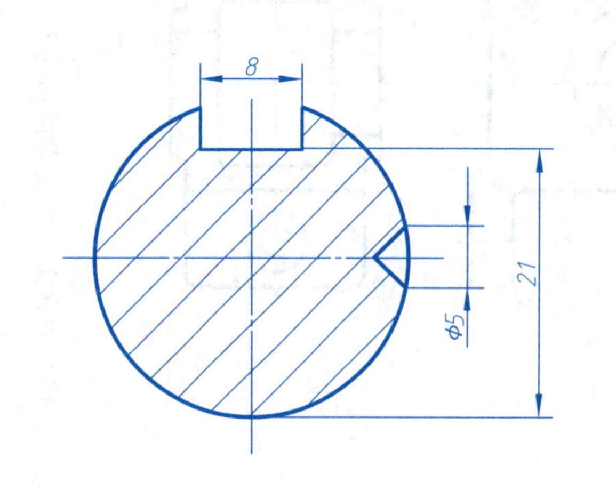

技术要求
未注倒角C1.5。

班级　　姓名　　审核

第9章　零件工作图

9-1　表面粗糙度、极限与配合的标注。

（1）分析图中表面粗糙度标注的错误，将正确的标注写在下图中。

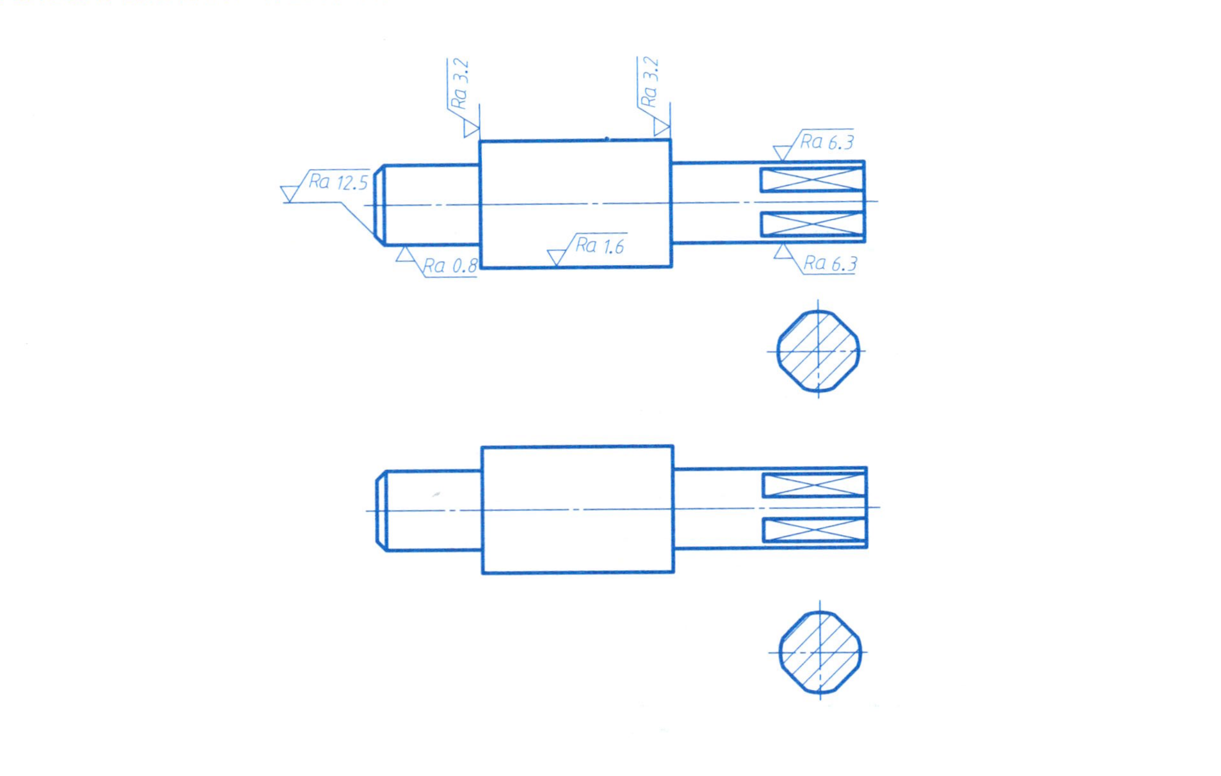

（2）将下表列出的表面粗糙度要求，标注在视图上。

表面	A、B	C	D	E、F、G	其余
Ra 值	12.5	3.2	6.3	25	毛坯面

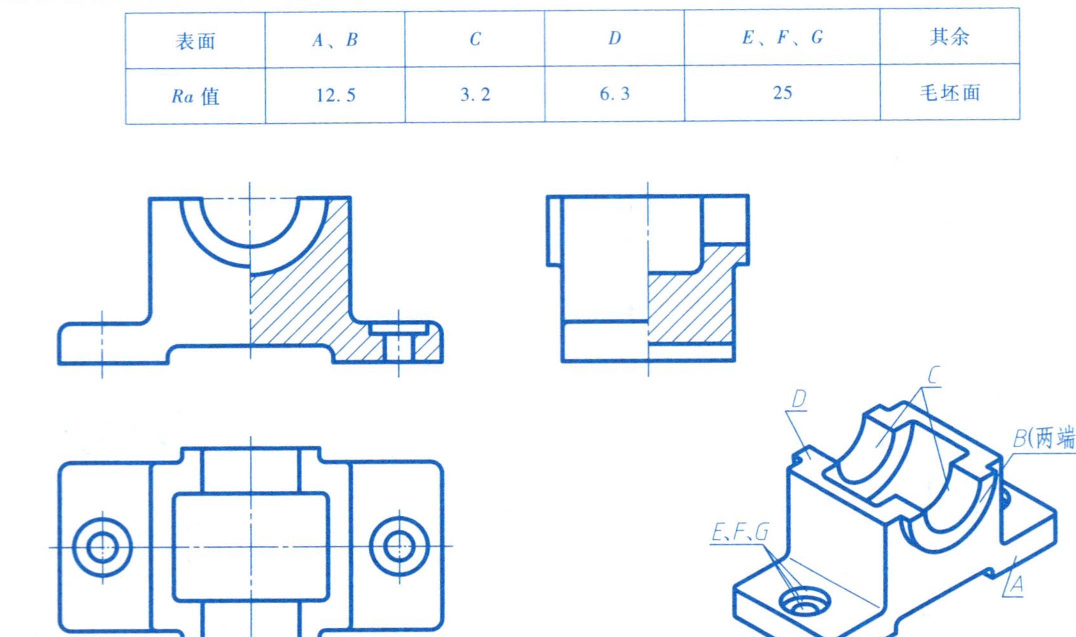

（3）解释配合代号的含义。将查表得到的上、下极限偏差值标注在零件图上，然后填空。

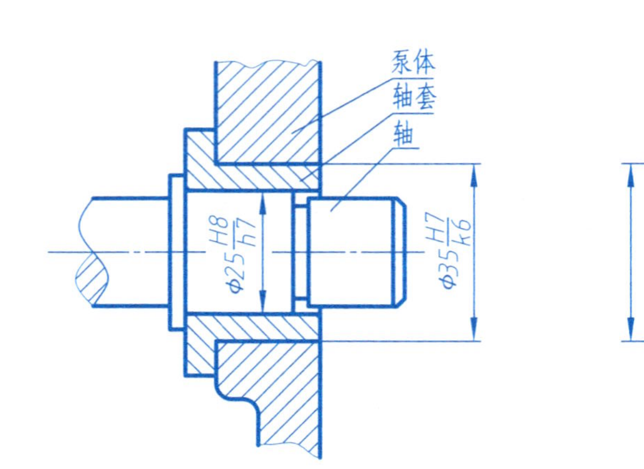

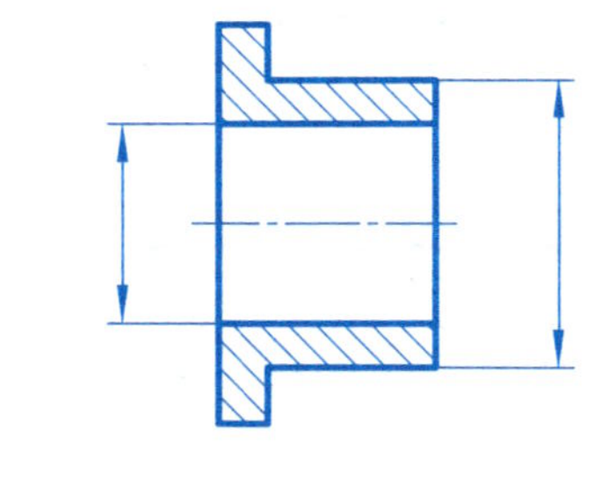

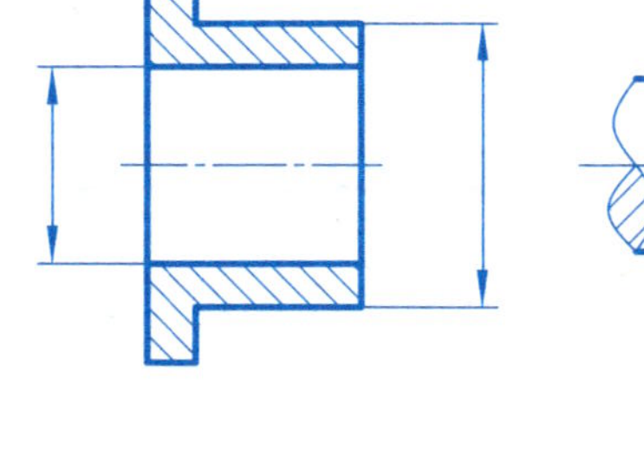

1）轴套与泵体孔配合。

公称尺寸：________，基______制。

公差等级：轴______级，孔______级，________配合。

轴套：上极限偏差__________，下极限偏差__________。

泵体孔：上极限偏差____________，下极限偏差____________。

2）轴套与轴配合。

公称尺寸：________，基______制。

公差等级：轴______级，孔______级，________配合。

轴套：上极限偏差__________，下极限偏差__________。

轴：上极限偏差____________，下极限偏差____________。

9-2 极限与配合、几何公差的标注。

（1）标注轴和孔的公称尺寸及上、下极限偏差值，并在横线上填空。

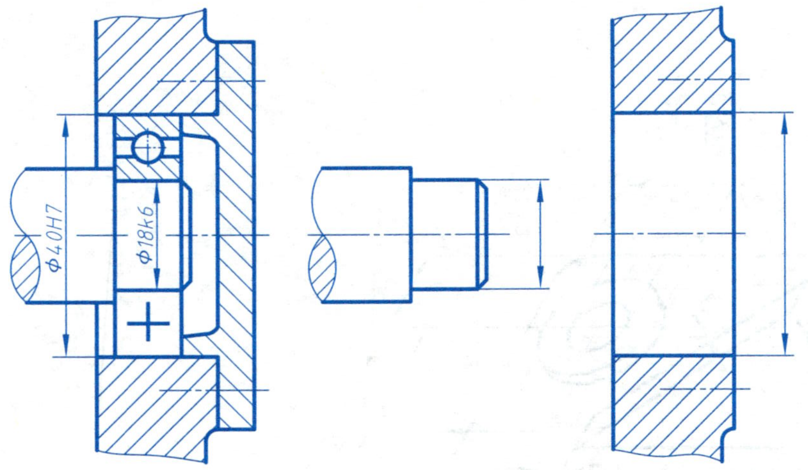

φ40H7　φ18k6

滚动轴承与座孔的配合为________制，座孔的基本偏差代号是________，公差等级为________级。

滚动轴承与轴的配合为________制，轴的基本偏差代号是________，公差等级为________级。

（2）用文字解释图中的几何公差，按编号 1、2、3 填写在横线上。

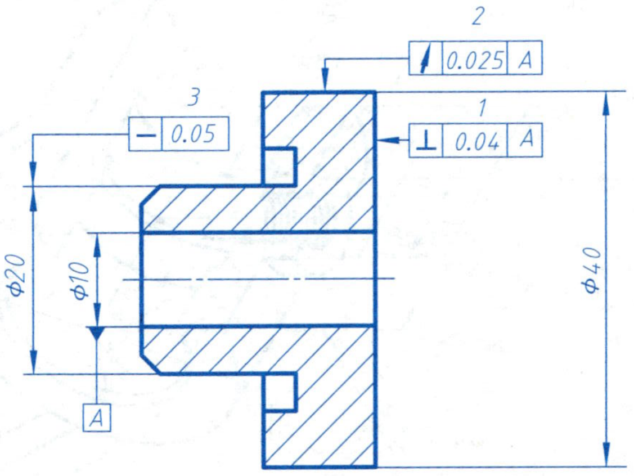

2 ↗ 0.025 A　1 ⊥ 0.04 A　3 — 0.05　A　φ20　φ10　φ40

1）________________

2）________________

3）________________

（3）将文字叙述的几何公差改用框格代号标注在图上。

1）φ30 圆柱表面素线的直线度公差为 0.015mm。

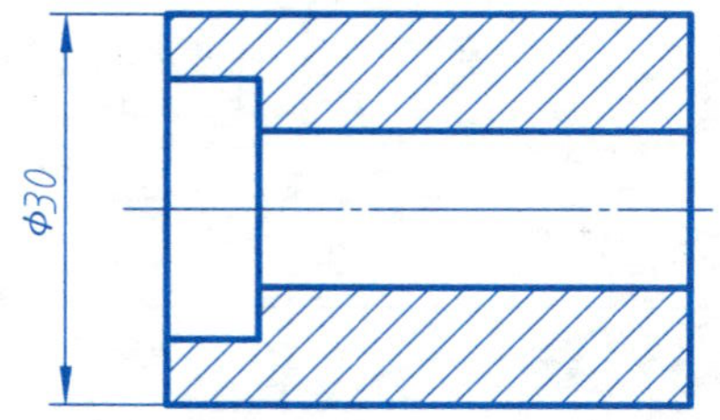

φ30

2）缺口四棱柱上表面的平面度公差为 0.05mm。

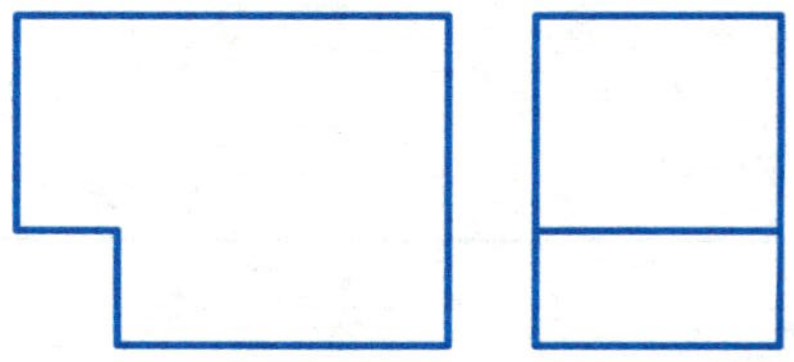

3）φ30 圆柱表面的圆柱度公差为 0.1mm。

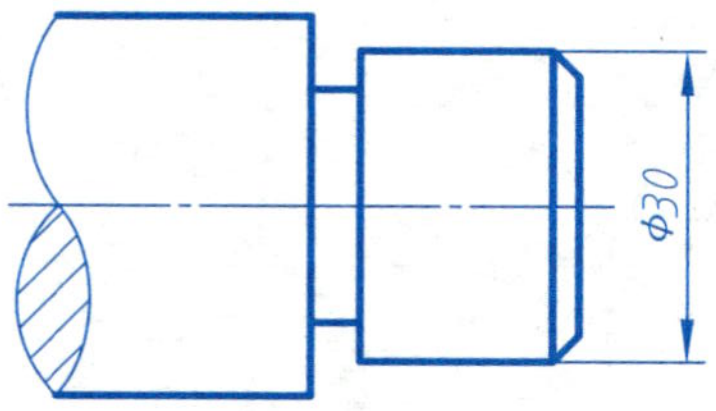

φ30

4）φ10 孔轴线对底面的平行度公差为 0.04mm。

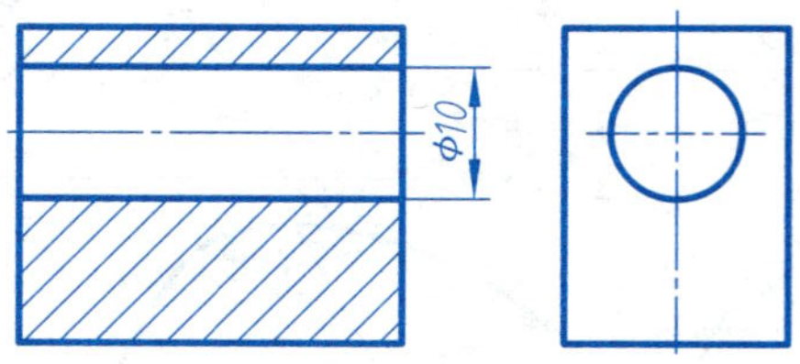

φ10

5）φ30 圆柱右端面对 φ15 轴线的垂直度公差为 0.08mm。

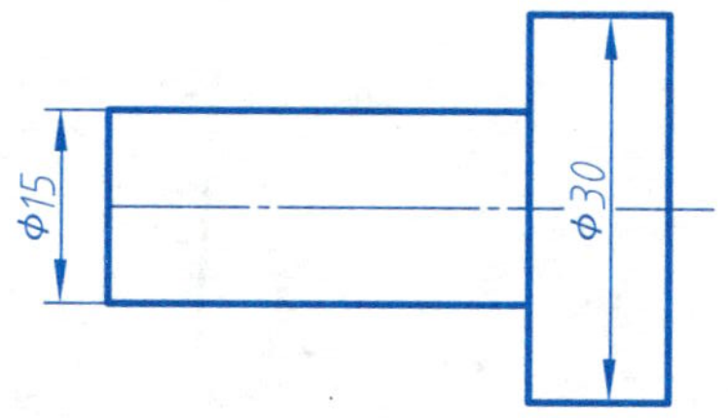

φ15　φ30

6）φ30 圆柱表面对两端 φ15 公共轴线的径向圆跳动公差为 0.1mm。

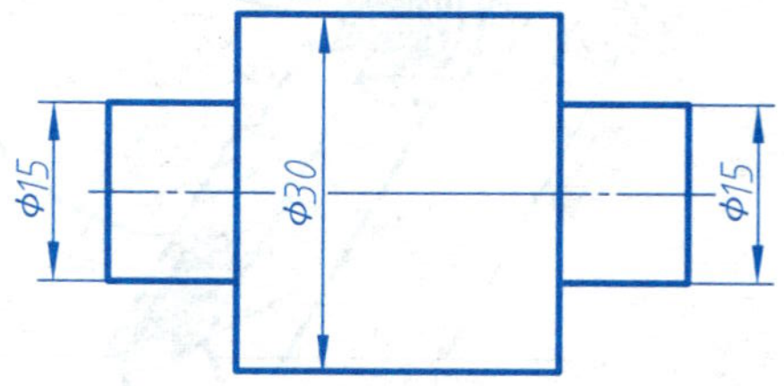

φ15　φ30　φ15

9-3　选用恰当的表达方案，徒手绘制下列零件的草图，完整、清晰地表达其结构形状，并标注全部尺寸及技术要求。

（1）零件名称为支座，材料为HT150，零件前后、左右对称。

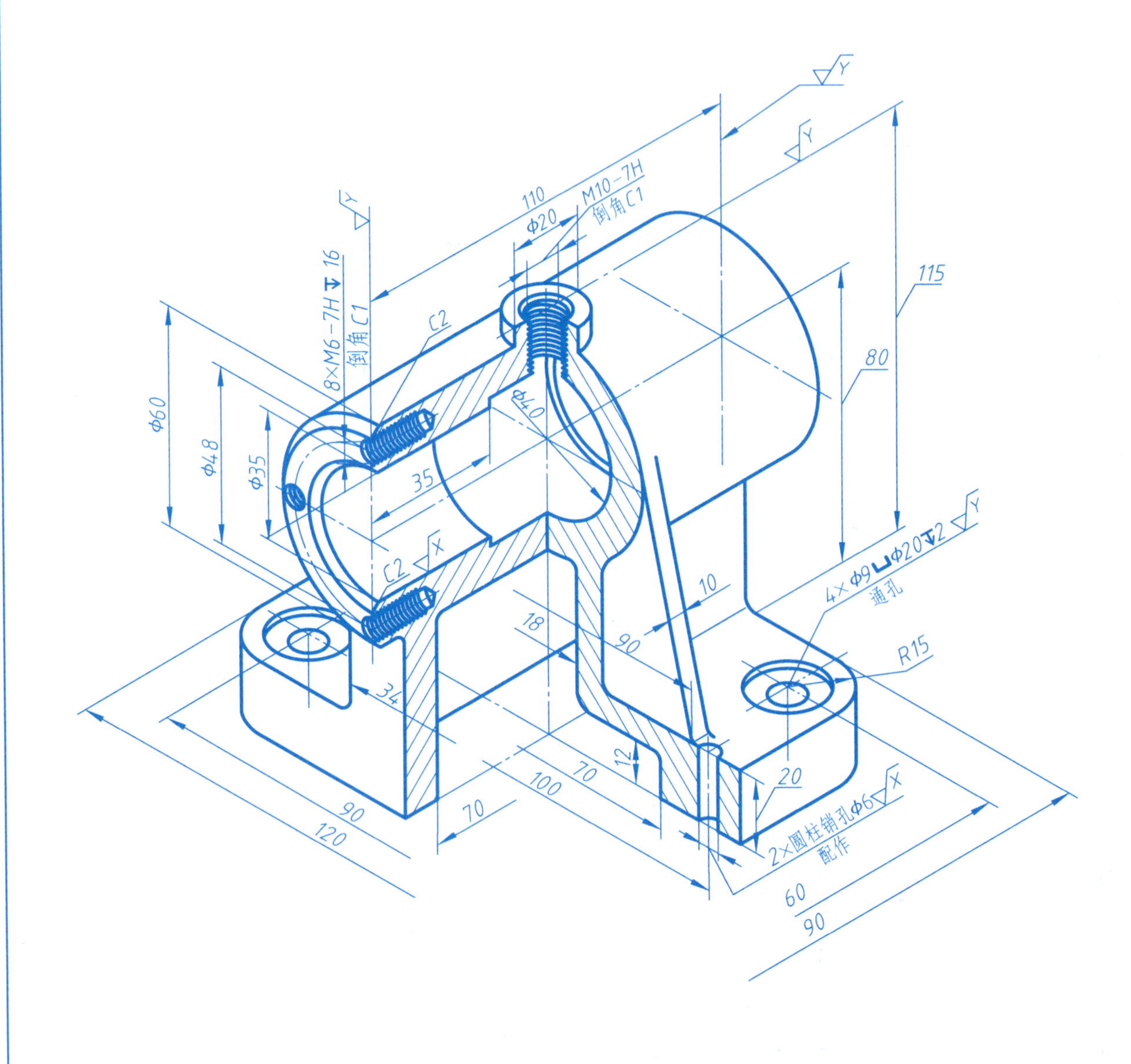

$\sqrt{X}$ = $\sqrt{Ra\ 3.2}$　$\sqrt{Y}$ = $\sqrt{Ra\ 12.5}$　$\sqrt{}$ ($\sqrt{}$)

技术要求
未注圆角R3。

（2）零件名称为支架，材料为HT200，零件前后对称，表面粗糙度自定。

42
Φ15
M8-7H
至B面22
26
Φ30
Φ42
12
C1
12
至A面52
Φ26
74
50
R10
21
7
25
10
2×Φ9通孔
⊔Φ18↧2
60
A
45°
3×3
44
22
28
3
2×Φ10
通孔
2×Φ20
B
至A面35
40
74
R10
10
主视图投射方向

技术要求
未注圆角R1～R3。

9-4 读主轴零件图，按要求完成练习。

（1）读主轴零件图，想出形状，在指定位置画出 C—C 断面图。

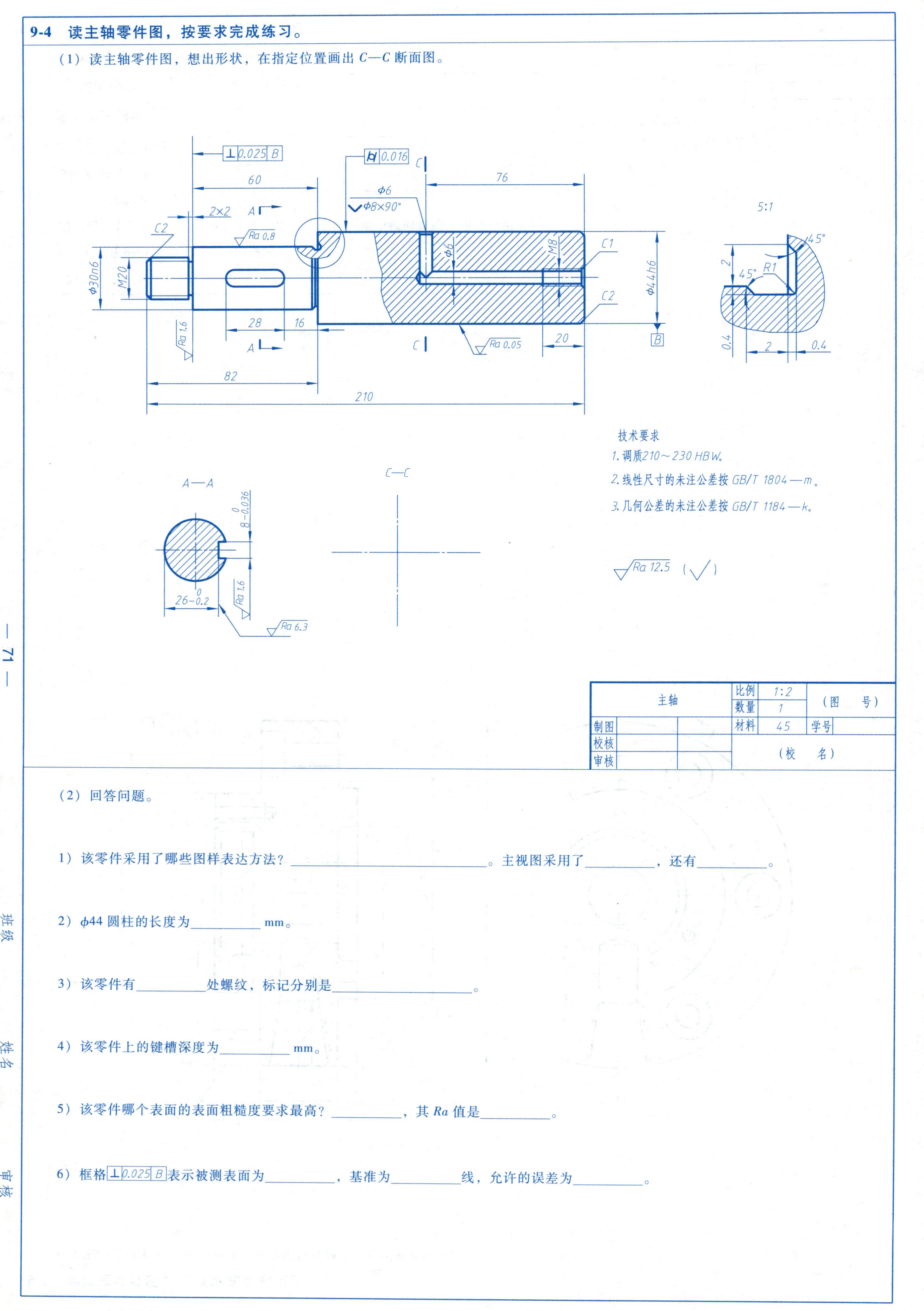

（2）回答问题。

1）该零件采用了哪些图样表达方法？______________。主视图采用了__________，还有__________。

2）ϕ44 圆柱的长度为__________mm。

3）该零件有__________处螺纹，标记分别是______________。

4）该零件上的键槽深度为__________mm。

5）该零件哪个表面的表面粗糙度要求最高？__________，其 *Ra* 值是__________。

6）框格 ⊥ 0.025 B 表示被测表面为__________，基准为__________线，允许的误差为__________。

班级　　姓名　　审核

9-5 读端盖零件图，按要求完成练习。

（1）读端盖零件图，想出形状，在指定位置画出向视图 C（外形图）。

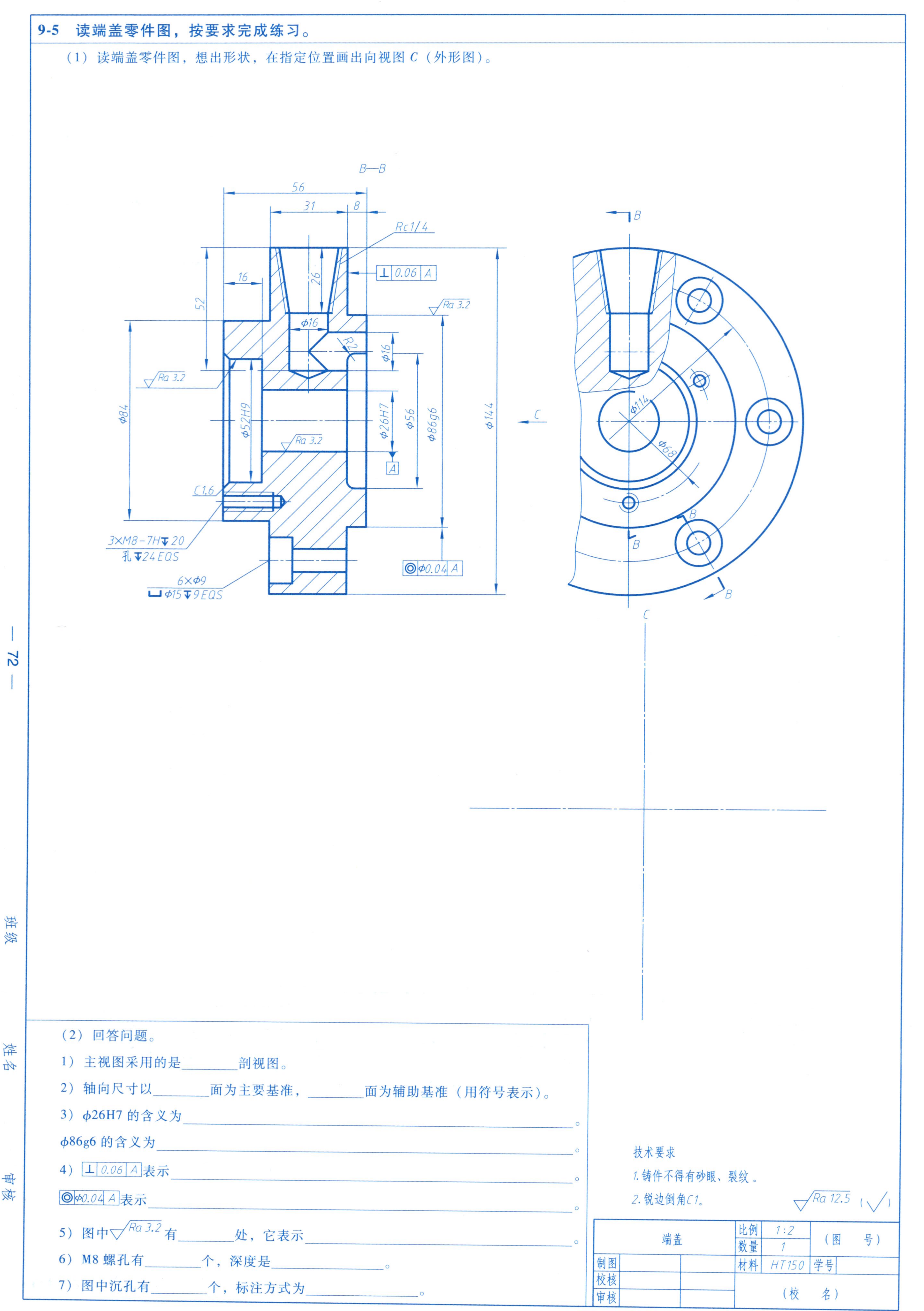

（2）回答问题。

1）主视图采用的是________剖视图。

2）轴向尺寸以________面为主要基准，________面为辅助基准（用符号表示）。

3）ϕ26H7 的含义为____。

ϕ86g6 的含义为____。

4）⊥ 0.06 A 表示____。

◎ϕ0.04 A 表示____。

5）图中 Ra 3.2 有________处，它表示____。

6）M8 螺孔有________个，深度是________________。

7）图中沉孔有________个，标注方式为________________。

9-6 读托脚零件图，按要求完成练习。

（1）读托脚零件图，想出形状，在指定位置画出 C—C 断面图。

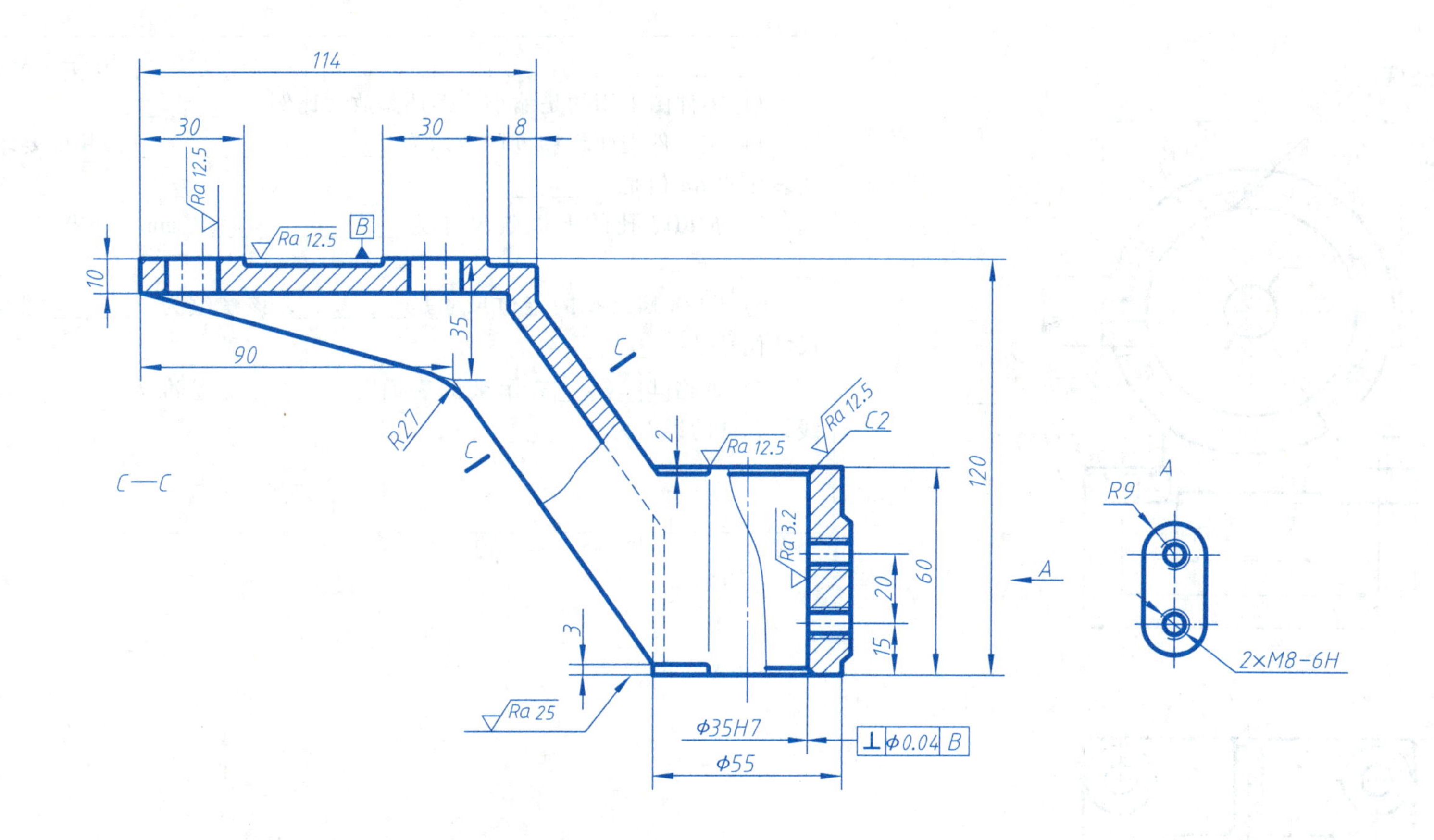

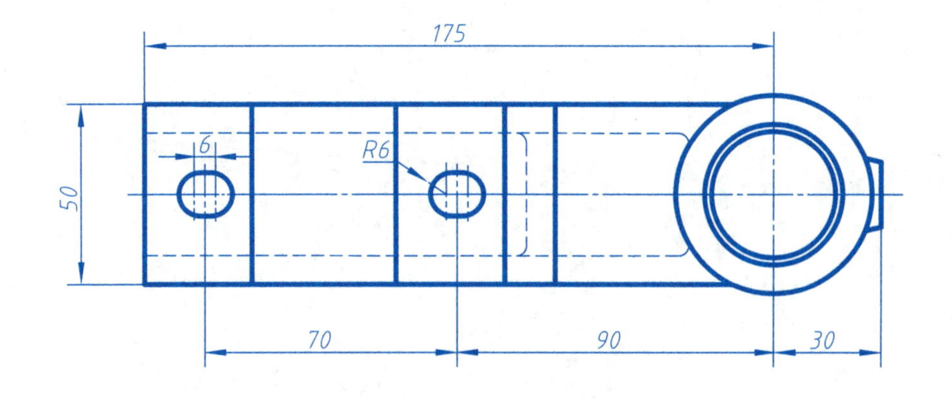

技术要求

1. 未注圆角R2~R3。
2. 铸件不得有气孔、裂纹等缺陷。

（2）回答问题。

1）主视图采用的是________剖视图。

2）长、宽、高方向上尺寸的主要基准分别为________、________、________（用符号表示）。

3）零件总长为________mm，总宽为________mm。

4）ϕ35H7 孔的上极限尺寸为________mm，下极限尺寸为________mm。

5）该零件图中标注的 Ra 25 是指对________面的表面粗糙度要求，其 Ra 值是________。

6）框格 ⊥ϕ0.04 B 表示被测对象为________，基准为________面，允许的误差为________。

Ra（√）

托脚	比例	1:2	（图 号）
	数量	1	
制图	材料	HT150	学号
校核			（校 名）
审核			

班级　　姓名　　审核

9-7 读壳体零件图，按要求完成练习。

（1）读壳体零件图，想出形状，在指定位置画出向视图 *C*（外形图）。

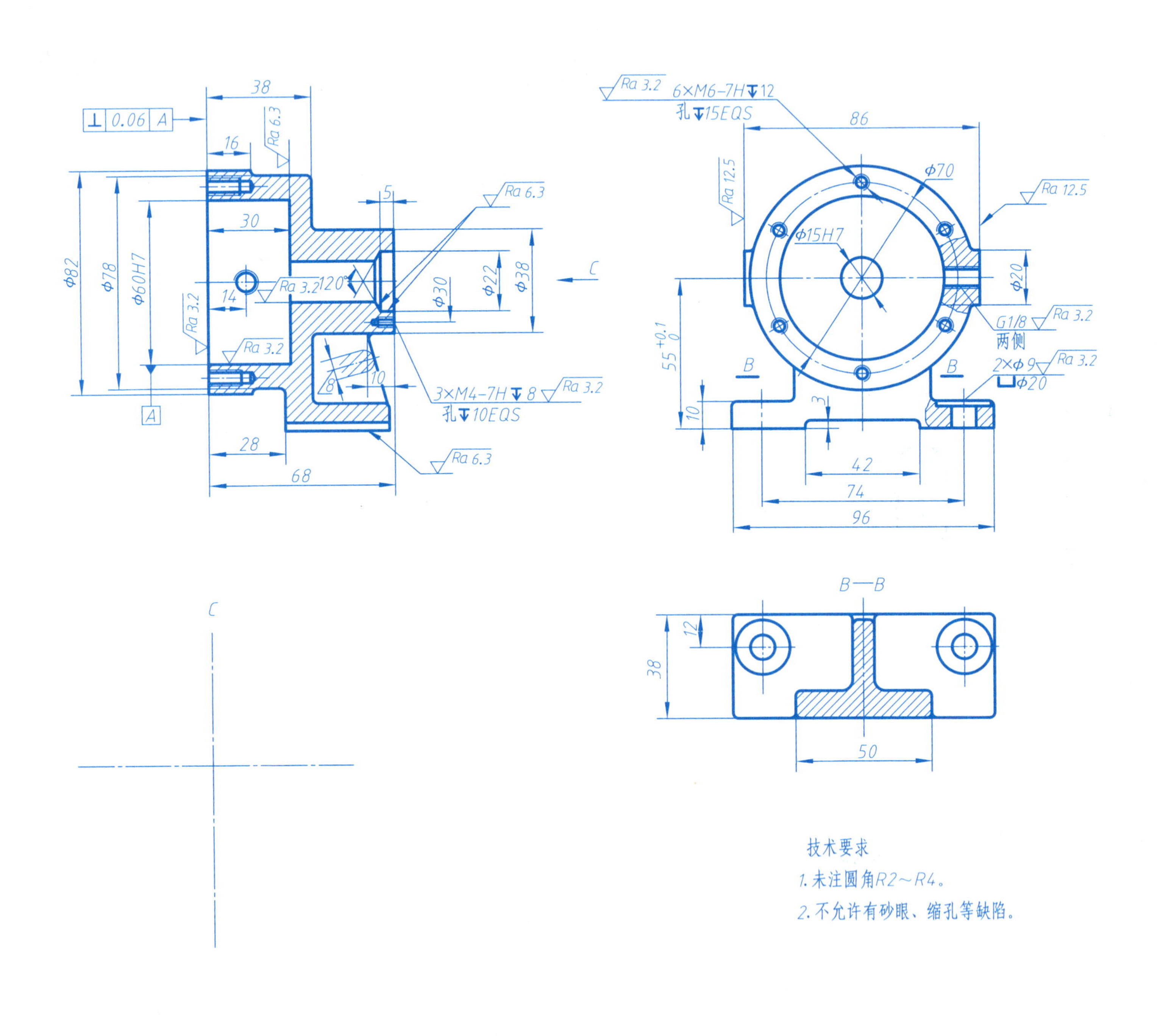

（2）回答问题。

1）主视图采用的是________剖视图，左视图采用的是________剖视图。

2）长、宽、高方向上尺寸的主要基准分别为________________、________________、________________（用符号表示）。

3）零件图采用的是缩小比例还是放大比例？________。

4）该零件表面粗糙度的要求有________________，其中要求最高的表面的 *Ra* 值是________。

5）ϕ15H7 孔的上极限尺寸为____________mm，下极限尺寸为________mm。

6）G1/8 螺纹孔的定位尺寸是________，该螺纹为________螺纹，其尺寸代号是________。

7）框格 ⊥ 0.06 A 表示被测表面为________，基准为________线，允许的误差为________。

Ra 12.5 (√)

壳体		比例	1:2	（图　号）
		数量	1	
制图		材料	HT200	学号
校核		（校　名）		
审核				

班级　　姓名　　审核

第10章 装 配 图

10-1 下图表示零件之间的装配关系，指出哪些是不合理的，并说明理由。

班级 姓名 审核

10-2 根据左半联轴器和右半联轴器的零件图和标准件参数，在图示位置完成绘制联轴器装配图。

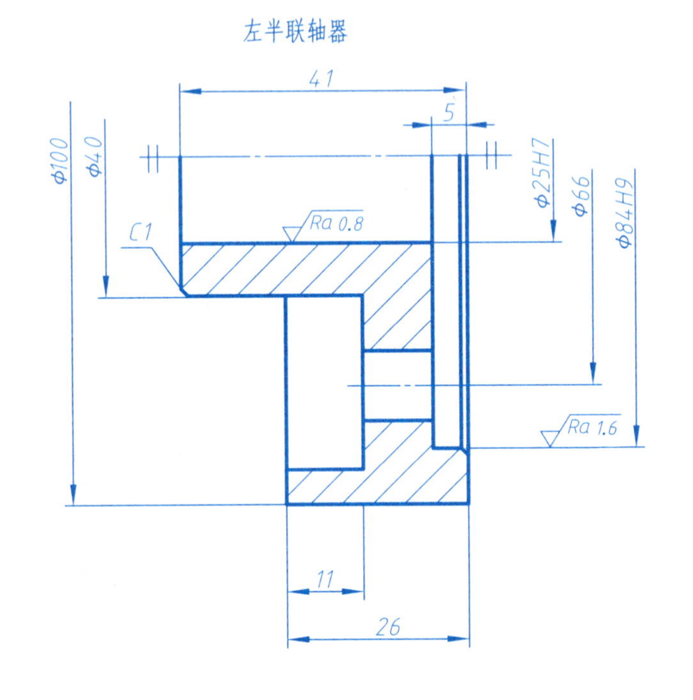

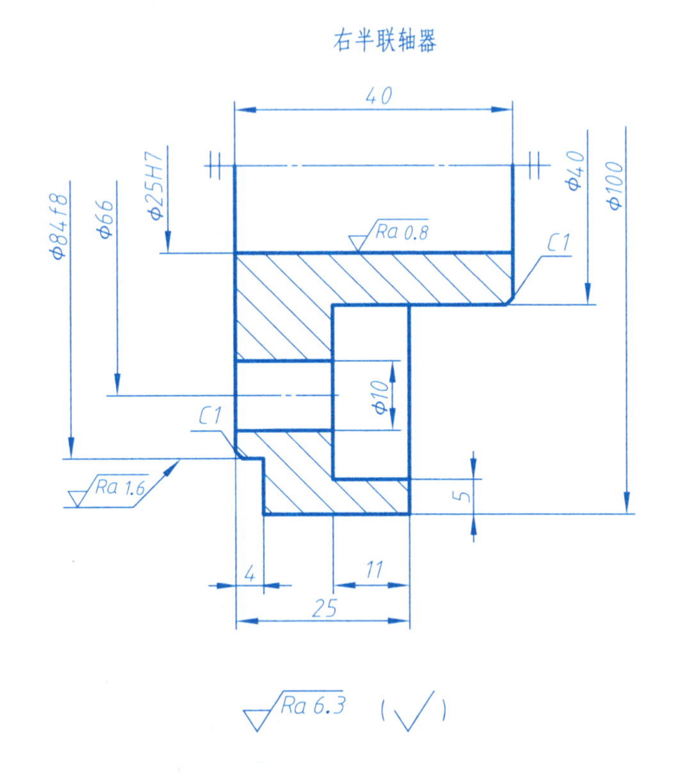

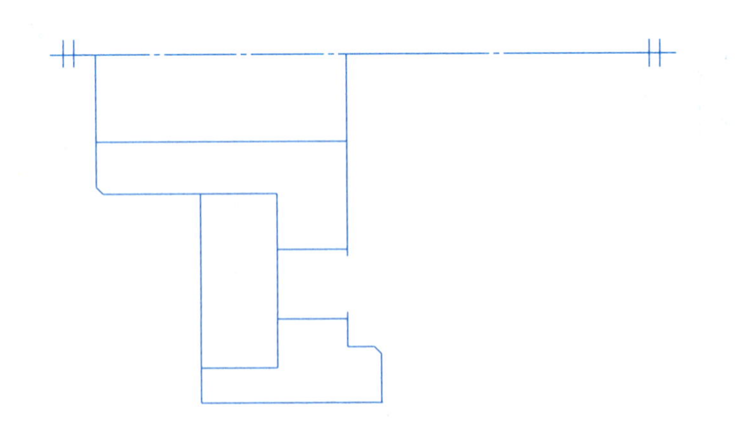

标准件参数

螺栓	M8×35	GB/T 5782—2016
垫圈	8	GB/T 97.1—2002
螺母	8	GB/T 6170—2015

班级　　姓名　　审核

10-3 根据装配示意图和零件图，绘制微型调节支承的装配图（一）。

工作原理：

微型调节支承由 5 个零件组成，用来支承不太重的工件，并可根据需要调节其支承高度。

套筒 2 与底座 1 用细牙螺纹连接。带有螺纹的支承杆 5 插入套筒 2 的圆孔中。转动带有螺孔的调节螺母 4 可使支承杆 5 上升或下降以支承工件。螺钉 3 旋进支承杆 5 上的导向槽，使支承杆 5 只可升降而不能旋转；同时螺钉 3 还可用来控制支承杆 5 上升的极限位置。调节螺母 4 下端的凸缘与套筒 2 上端的凹槽配合，以增加螺母转动时的平稳性。

作业要求：

仔细阅读微型调节支承的工作原理，考虑装配结构表达、装配顺序等要求，根据装配示意图和零件图完成其装配图的绘制，采用 A3 图纸，比例自定。

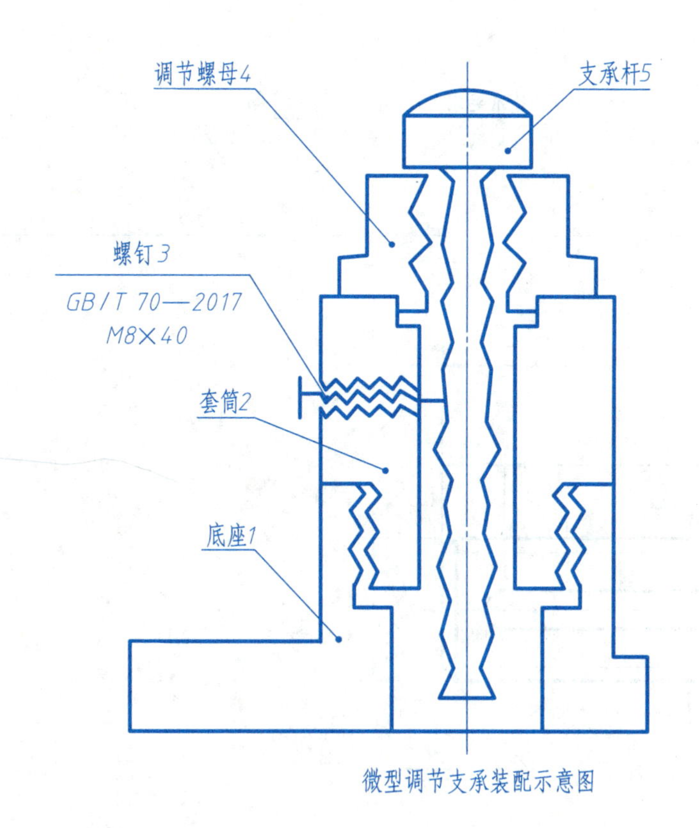

微型调节支承装配示意图

(1) 底座。

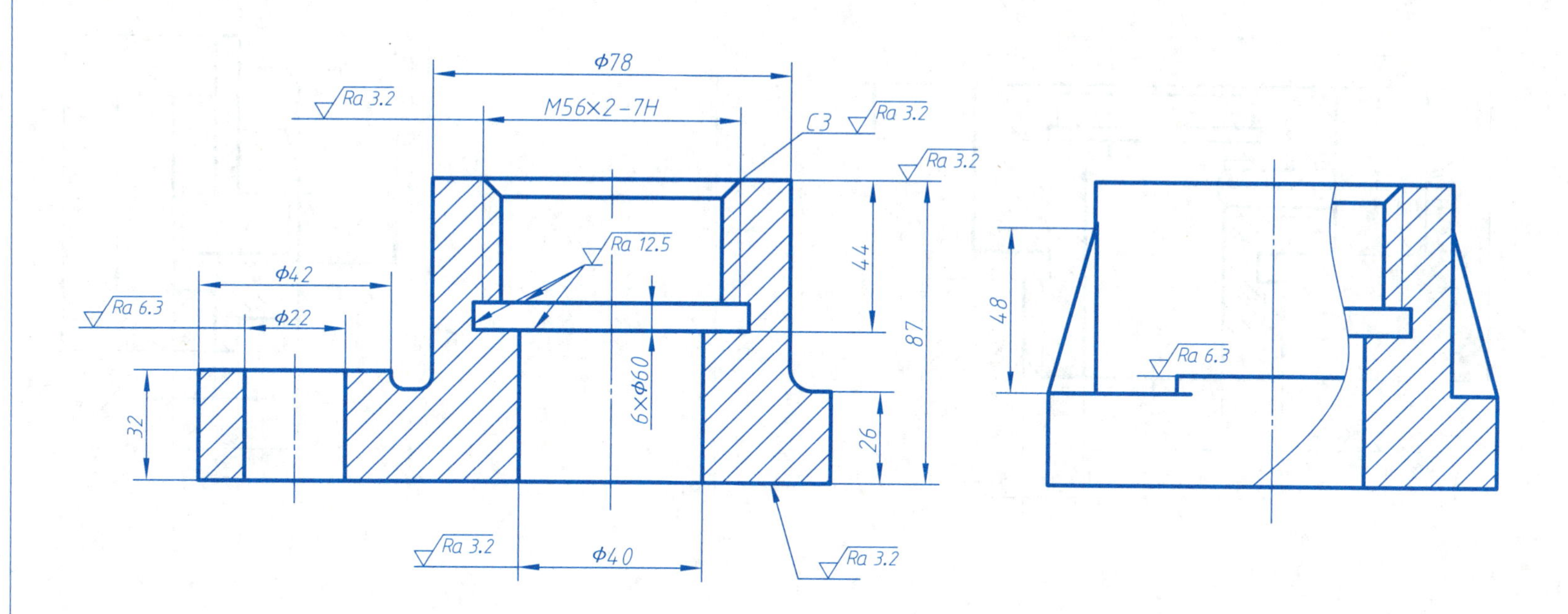

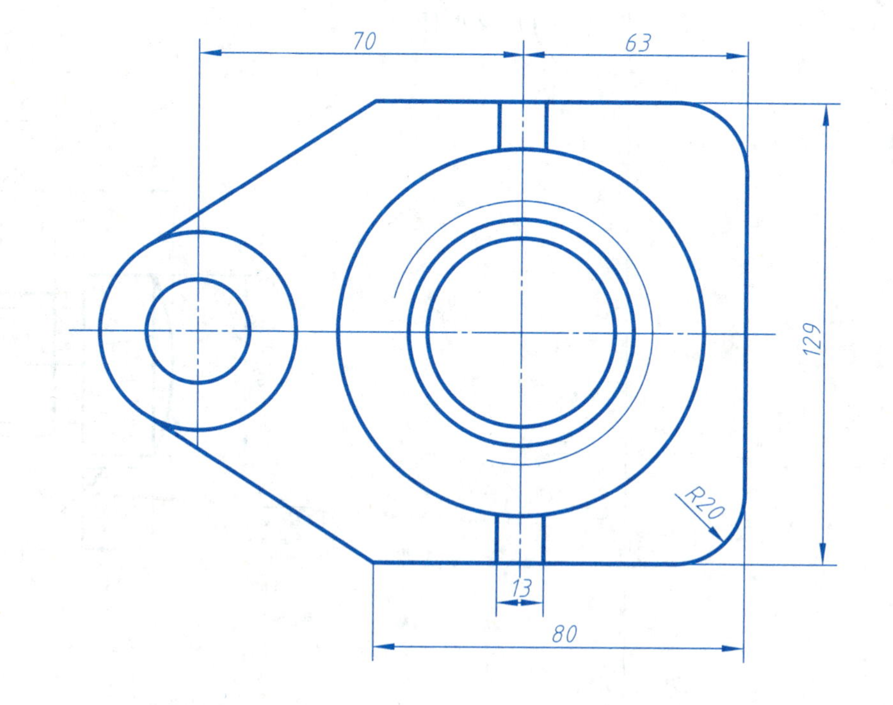

技术要求

未注圆角R3~R5。

班级　　姓名　　审核

10-3 根据示意图和零件图，绘制微型调节支承的装配图（二）。

（2）套筒。

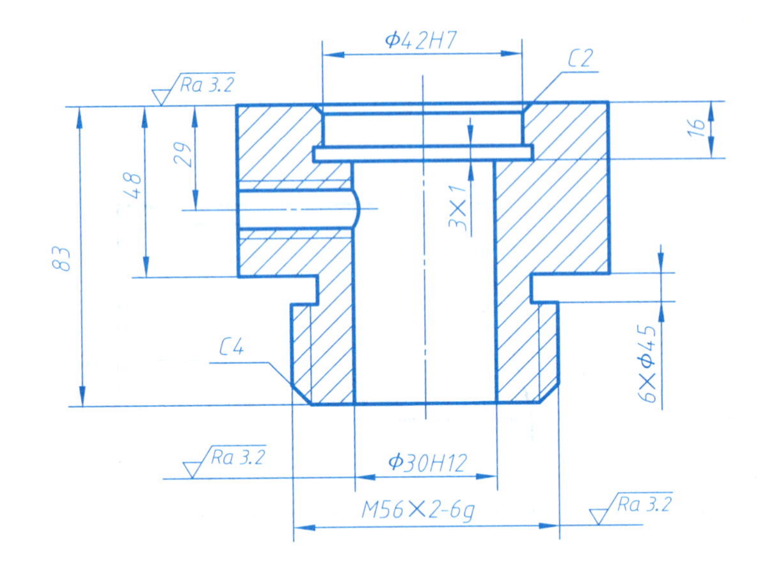

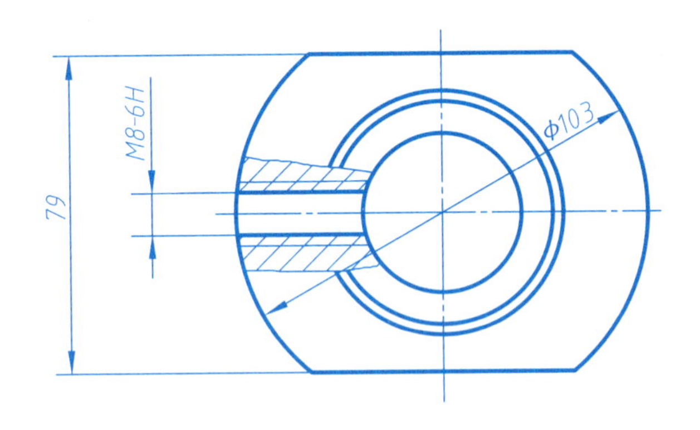

技术要求
锐边倒钝。

$\sqrt{Ra\ 12.5}$ ($\sqrt{}$)

（3）调节螺母。

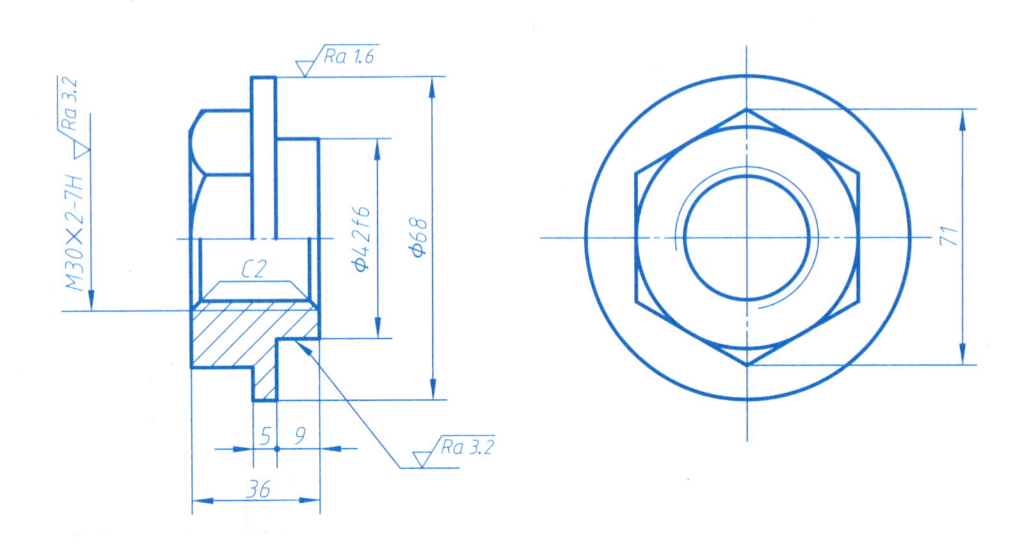

技术要求
锐边倒钝。

$\sqrt{Ra\ 12.5}$ ($\sqrt{}$)

（4）支承杆。

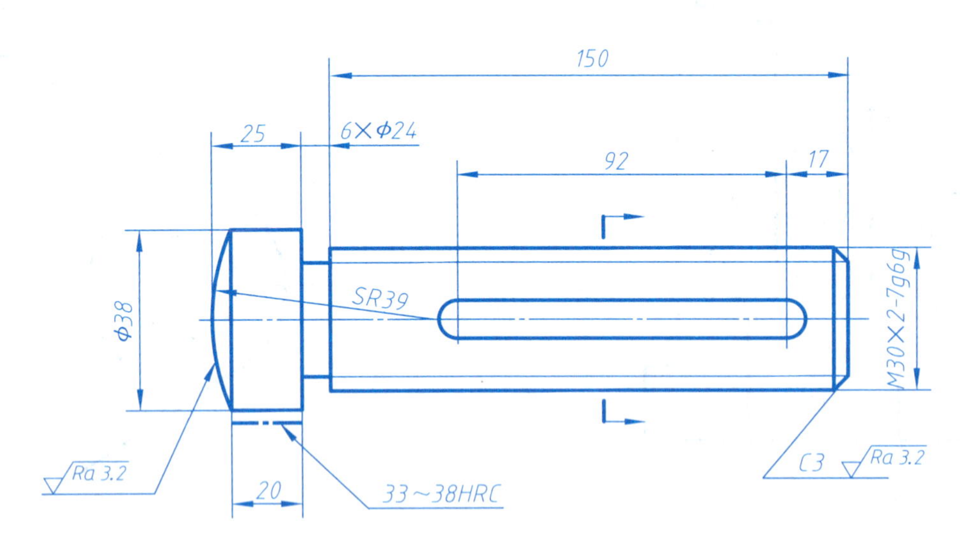

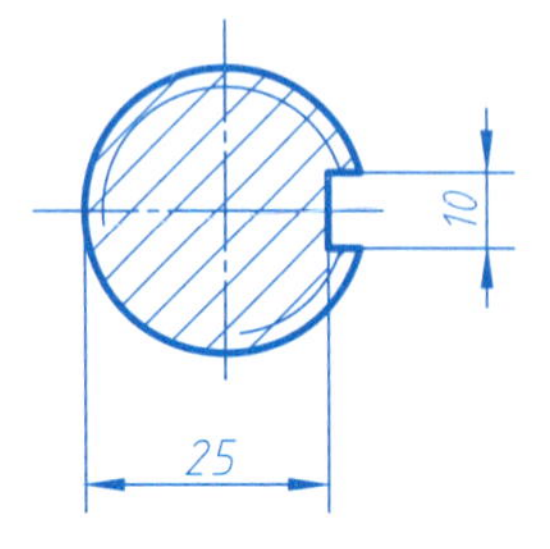

技术要求
1.锐边倒钝。
2.表面发蓝。

$\sqrt{Ra\ 12.5}$ ($\sqrt{}$)

班级　　姓名　　审核

10-4 根据千斤顶轴测图和零件图拼画装配图。

工作原理：

千斤顶是简单的起重工具，工作时，用可调节力臂长度的铰杠带动螺旋杆在螺套中做旋转运动。螺旋作用使螺旋杆上升，装在螺旋杆头部的顶垫顶起重物。骑缝安装的螺钉M10可阻止螺套回转。顶垫与螺旋杆头部以球面接触，其内径与螺旋杆有较大间隙，既可减小摩擦力不使顶垫随同螺旋杆回转，又可自调心使顶垫上平面与重物贴平。螺钉M8可防止顶垫脱出。

作业要求：

根据轴测图和零件图，了解部件的装配顺序，用1：1的比例在A3图纸上画出装配图。

序号	名　称	数量	材　料	备　注
1	底座	1	HT200	
2	螺旋杆	1	45	
3	螺套	1	ZCuAl10Fe3	
4	螺钉 M10×12	1		GB/T 73—2017
5	铰杠	1	Q235A	
6	螺钉 M8×12	1		GB/T 75—2018
7	顶垫	1	35	

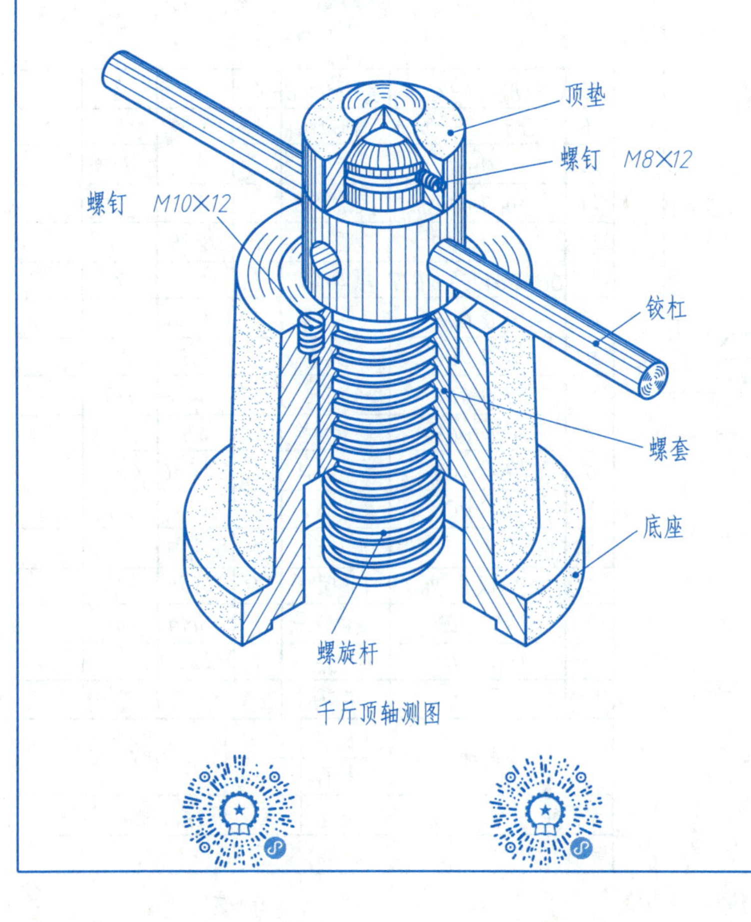

千斤顶轴测图

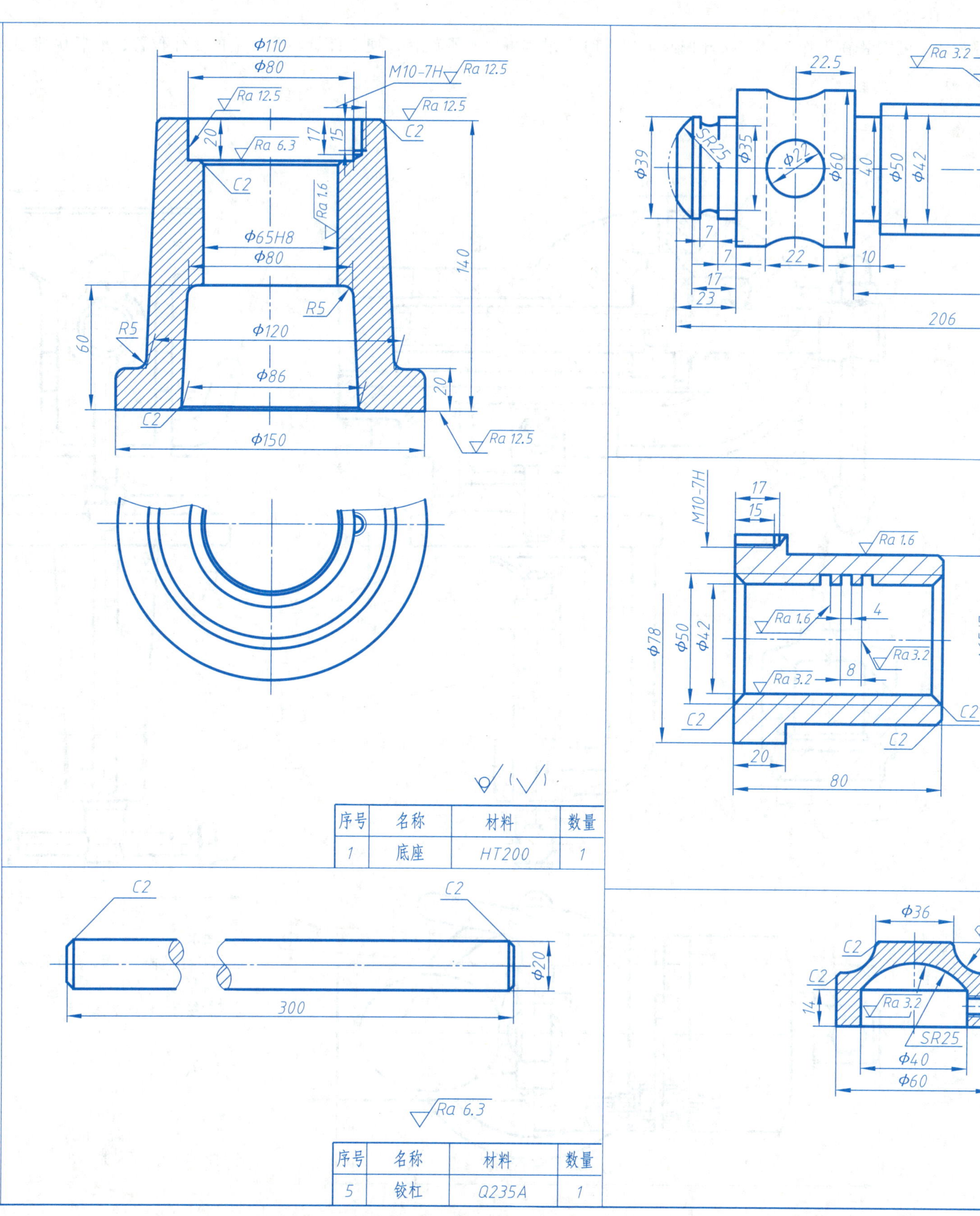

班级　　姓名　　审核

10-5 台虎钳。

台虎钳是用来夹持工件的通用夹具，可安装在工作台上。松开偏心轴弯轴时，钳体可以水平旋转，使工件旋转到合适的工作位置，然后快速锁死。根据上述工作原理和装配图，拆画夹紧支架 10 的零件图，使用 A3 图幅，要求表达正确、完整、合理。

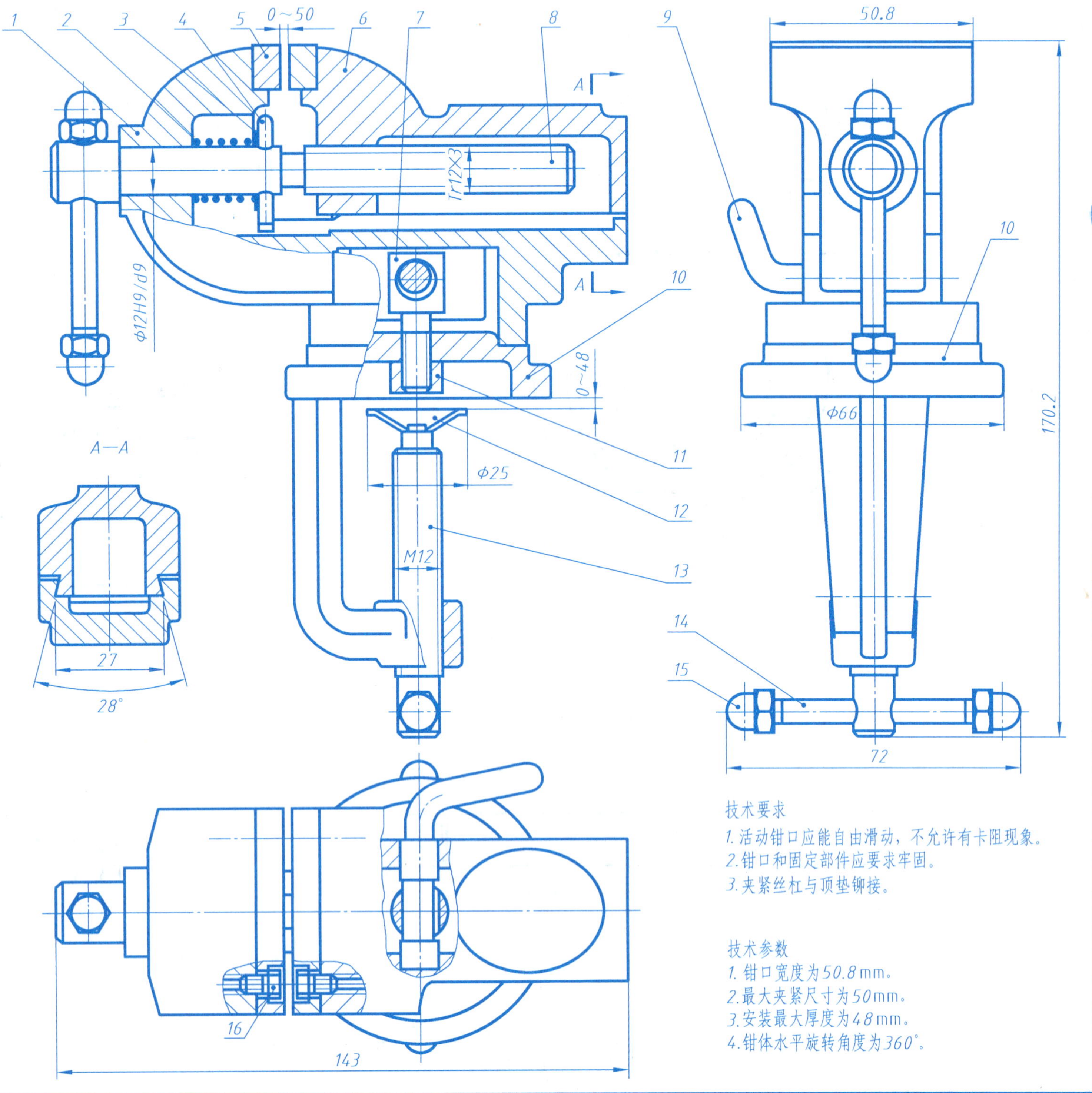

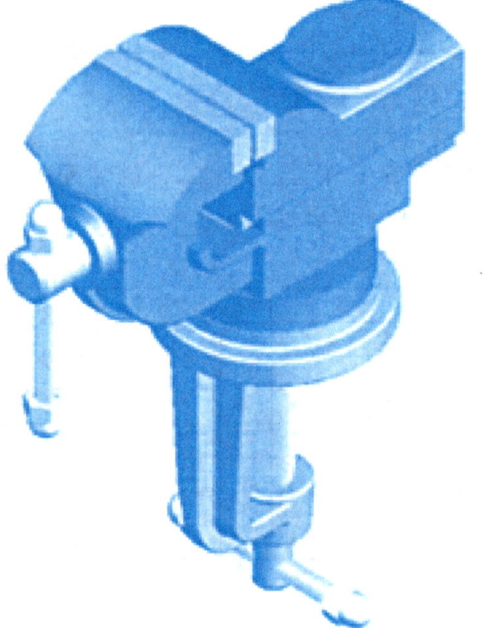

16	GB/T70.1—2008	螺钉M4×8	4	45	2	
15	GB/T802.1—2008	螺母M6	4	45	5	
14	HKQ-011	铰杠	2	45	13	
13	HKQ-010	夹紧丝杠	1	45	59	
12	HKQ-009	顶垫	1	Q235	5	
11	GB/T 6170—2015	螺母M8	1	35	7	
10	HKQ-008	夹紧支架	1	HT200	316	
9	HKQ-007	偏心轴弯轴	1	45	29	
8	HKQ-006	长丝杠	1	45	115	
7	HKQ-005	调节螺栓	1	45	17	
6	HKQ-004	活动钳口	1	HT200	425	
5	HKQ-003	钳口	2	65	25	
4	GB/T 91—2000	开口销	1	碳素钢	3	
3	GB/T 97.1—2002	垫圈	1	Q235	1	
2	HKQ-002	定位弹簧	1	65Mn	4	
1	HKQ-001	台钳座	1	HT200	91	
序号	代号	名称	数量	材料	单量(g)	备注

台虎钳		比例	1:1	HKQ-000
		材料		
制图		数量		共 张 第 张
审核				(校 名)

班级 姓名 审核

10-6 上下式手动换向阀。

如图所示为一个两位两通上下式手动换向阀。图示为换向阀阀口连通时的工作位置，按下手柄球时为关闭状态。分析该换向阀的结构与表达，并拆画阀体 1 的零件图。

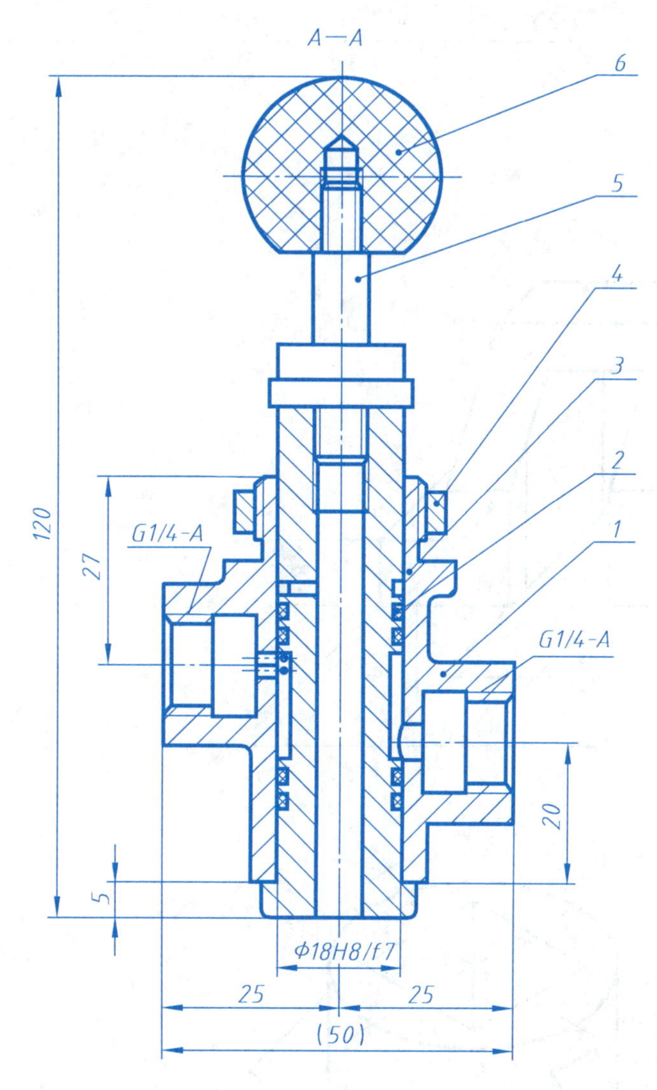

拆去件6

Φ23

6		手柄球	1	胶木	
5	QF-004	阀杆	1	45	
4	QF-003	螺母M24×1.5	1	2A12	
3	QF-002	阀芯	1	2A12	
2		密封圈	4	耐油橡胶	
1	QF-001	阀体	1	ZL102	
序号	代 号	名 称	数 量	材 料	备 注

上下式手动换向阀		比例	1:1	QF-000
		材料		
制图		数量		共 张 第 张
审核		(校 名)		

班级 姓名 审核

11-1 根据要求用 AutoCAD 软件完成下列图形。

（1）补画组合体的第三视图，并绘制轴测图。

1）

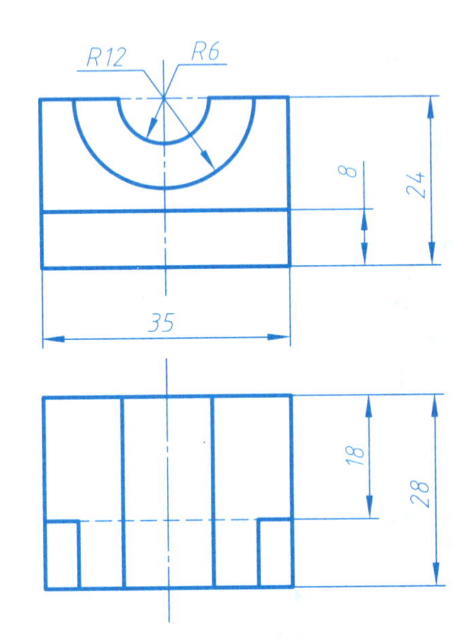

2）

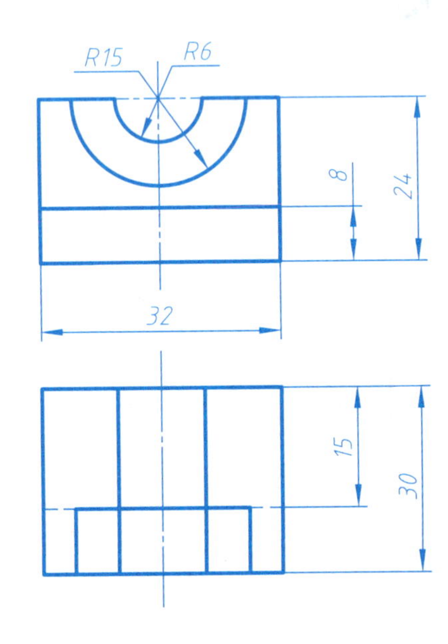

（2）根据轴测图，画出三视图。

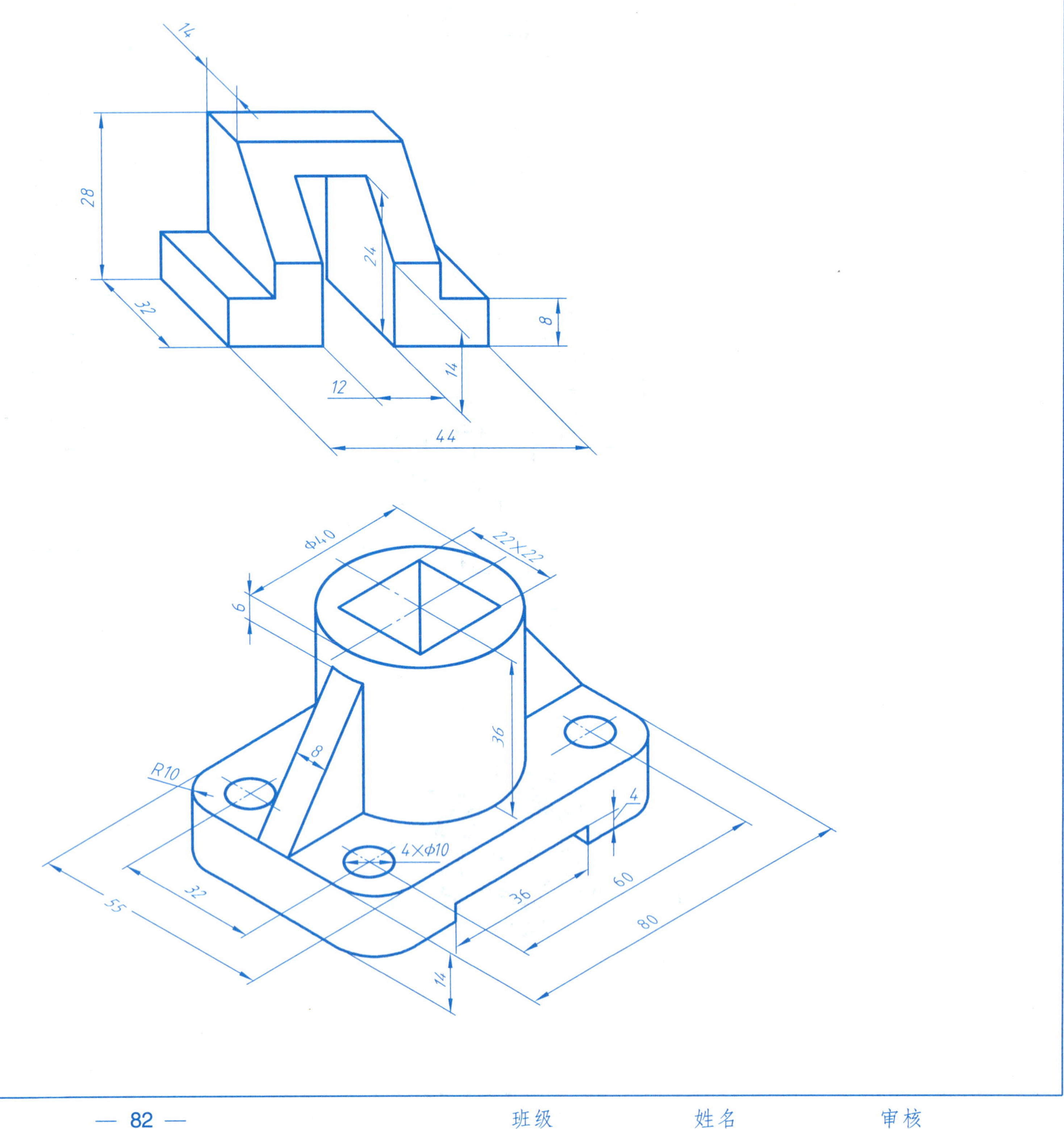

班级 姓名 审核

11-2 根据已知视图，分析结构，用 AutoCAD 软件完成组合体的三视图。

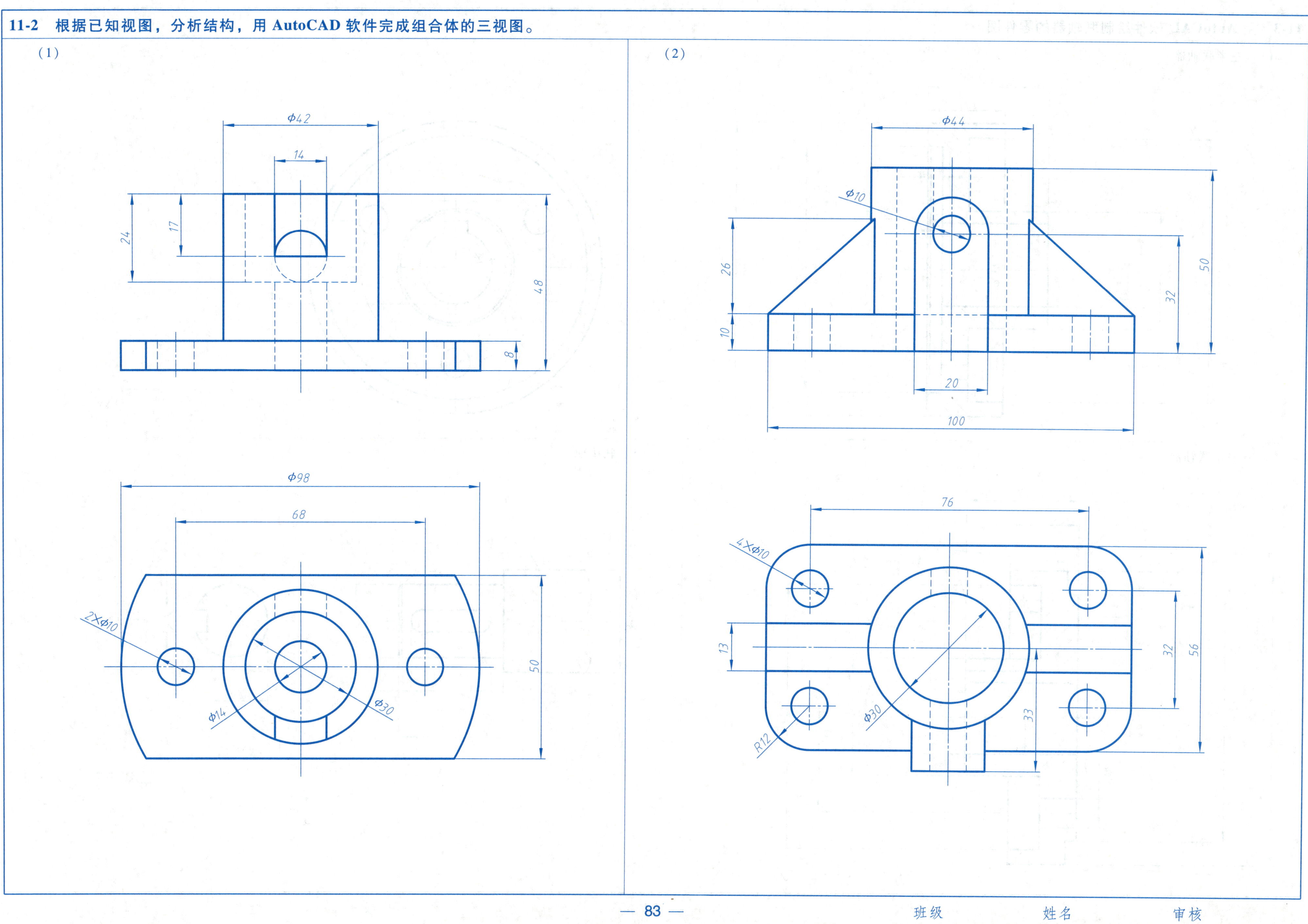

班级　　姓名　　审核

11-3 用 AutoCAD 软件绘制联轴器的零件图。

（1）左半联轴器。

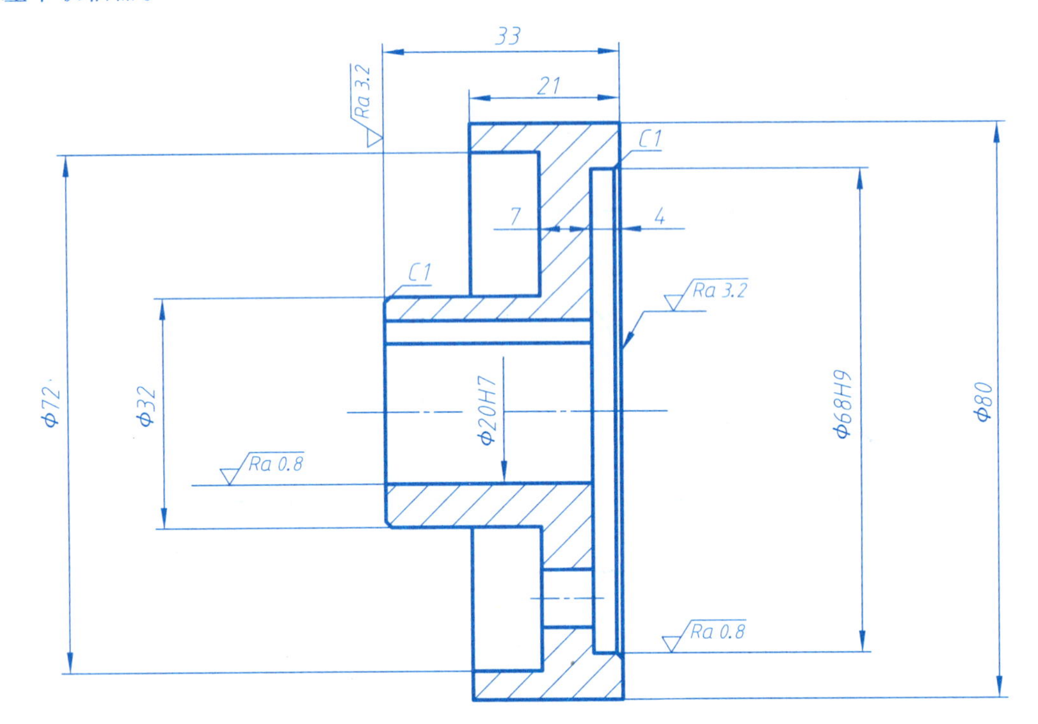

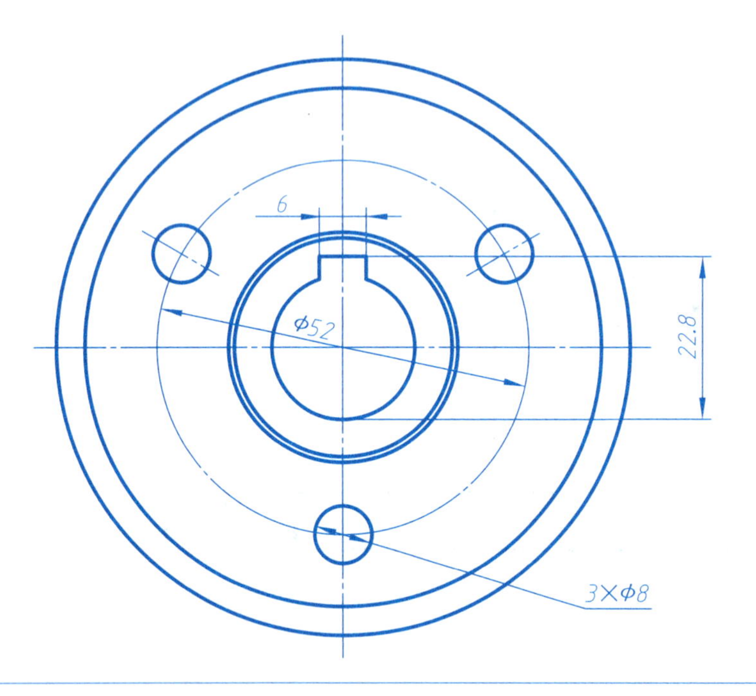

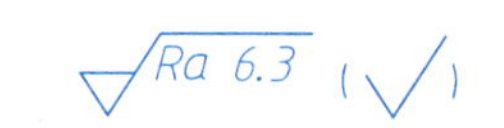

（2）右半联轴器。

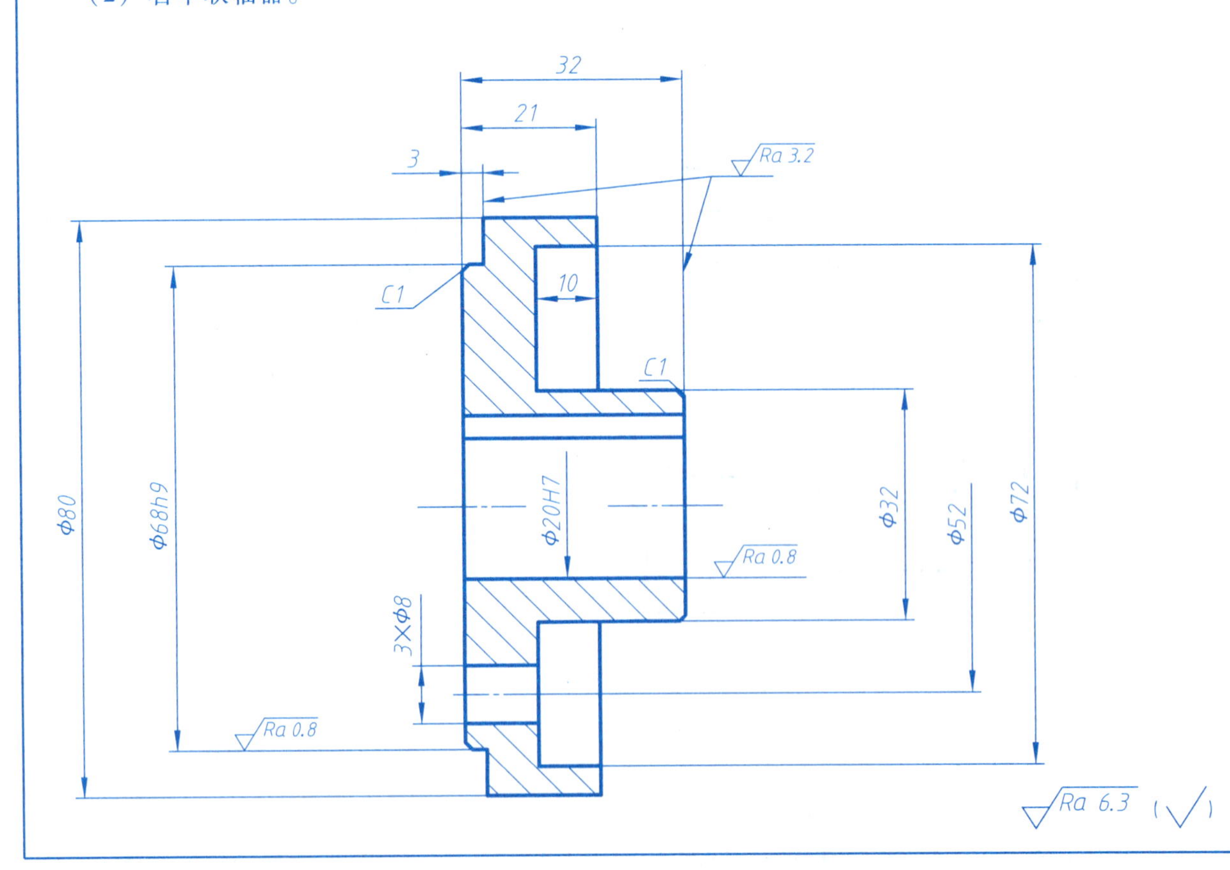

（3）联接轴。

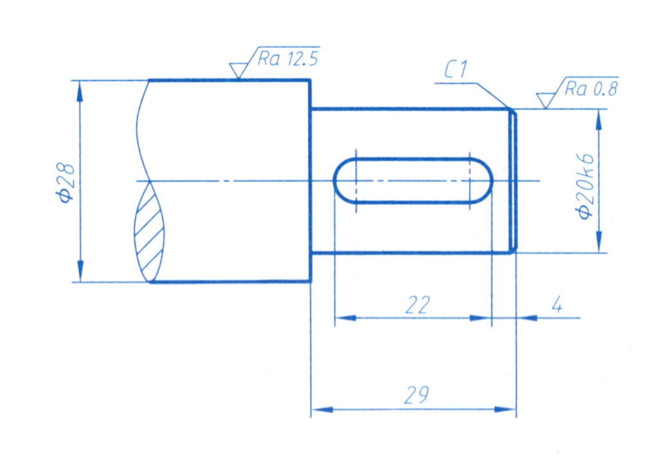

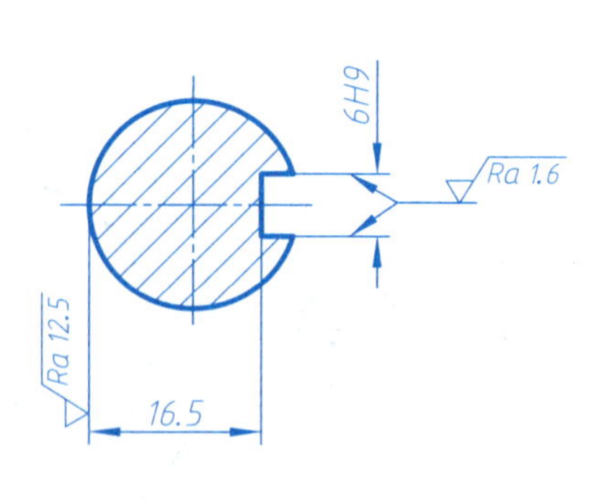

班级　　　　姓名　　　　审核

11-4 用 AutoCAD 软件绘制千斤顶的零件图。

（1）螺旋杆。

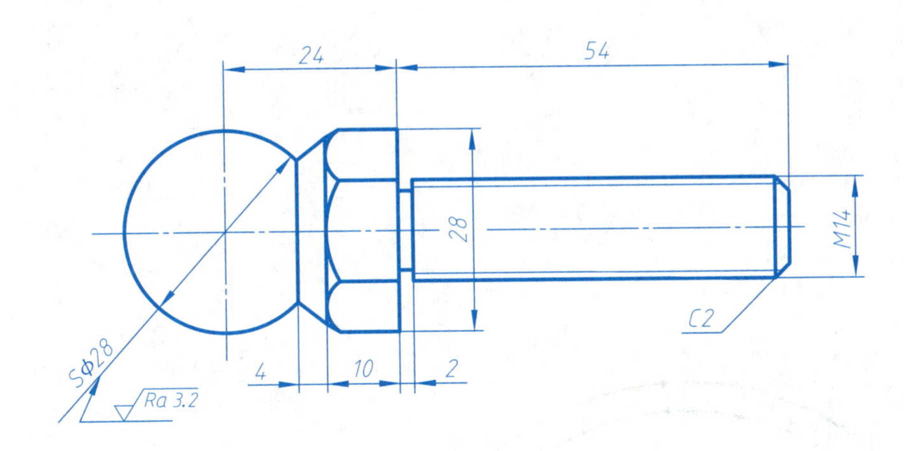

（2）顶垫。

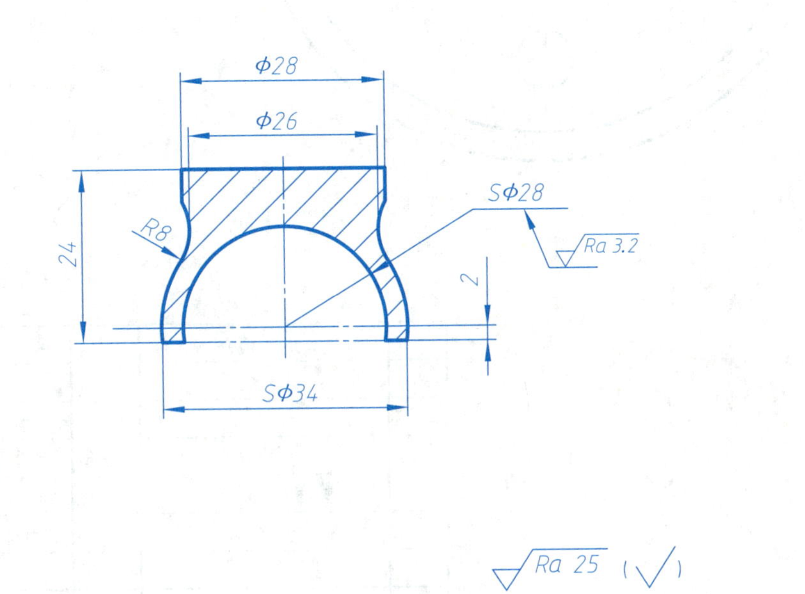

（3）底座。

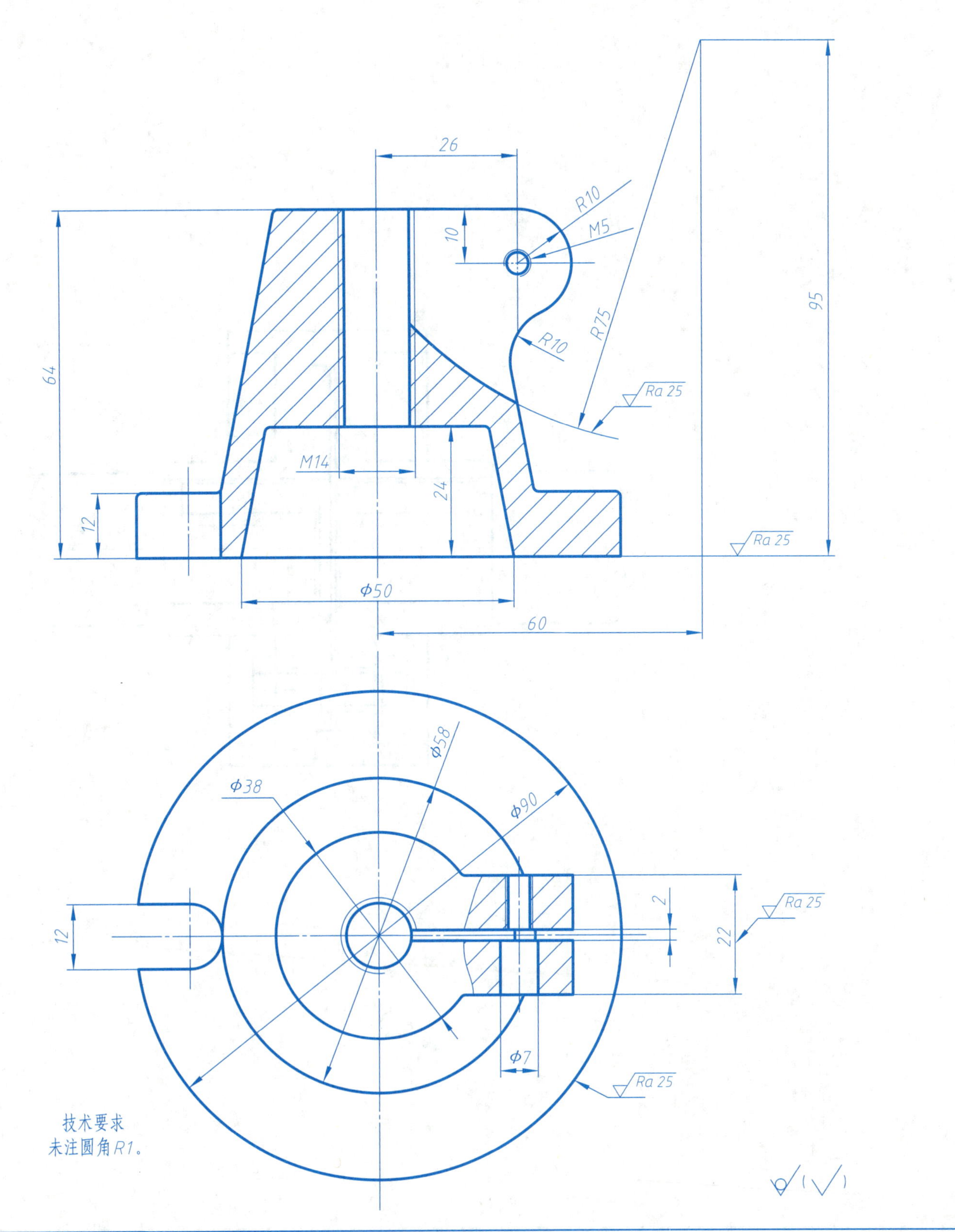

班级　　姓名　　审核

11-5 绘制联轴器的装配图（根据 11-3 联轴器的零件图，将装配图的左视图补充完整，并抄画主视图）。

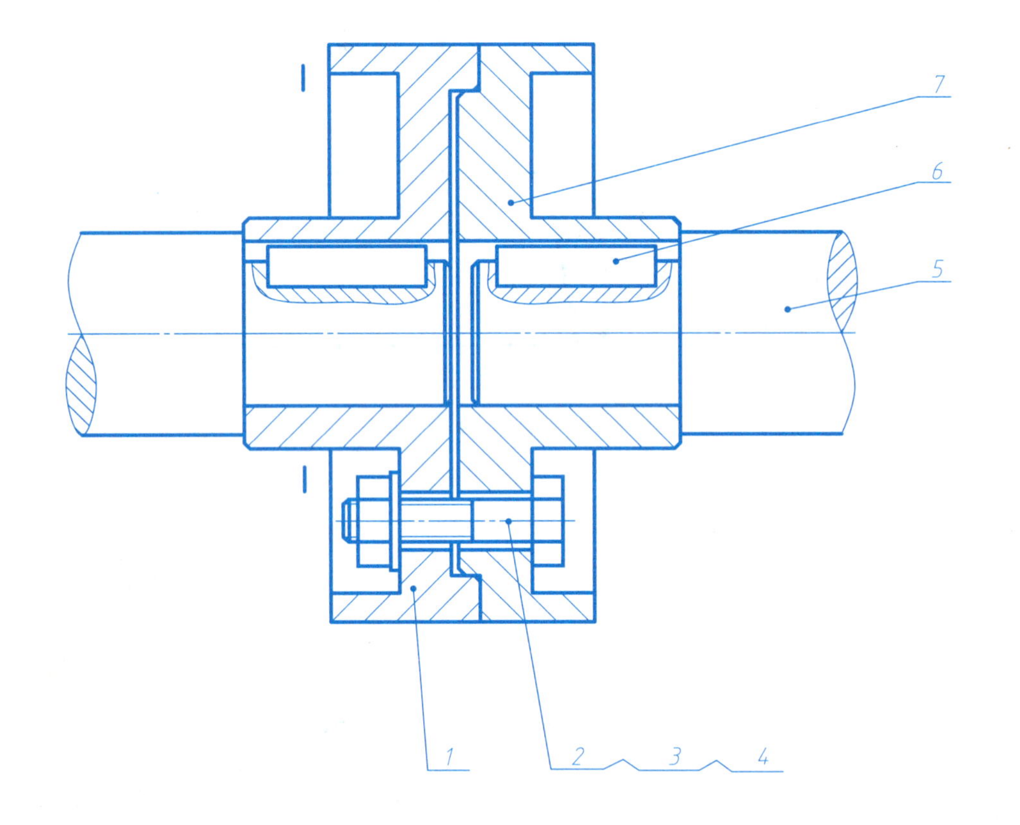

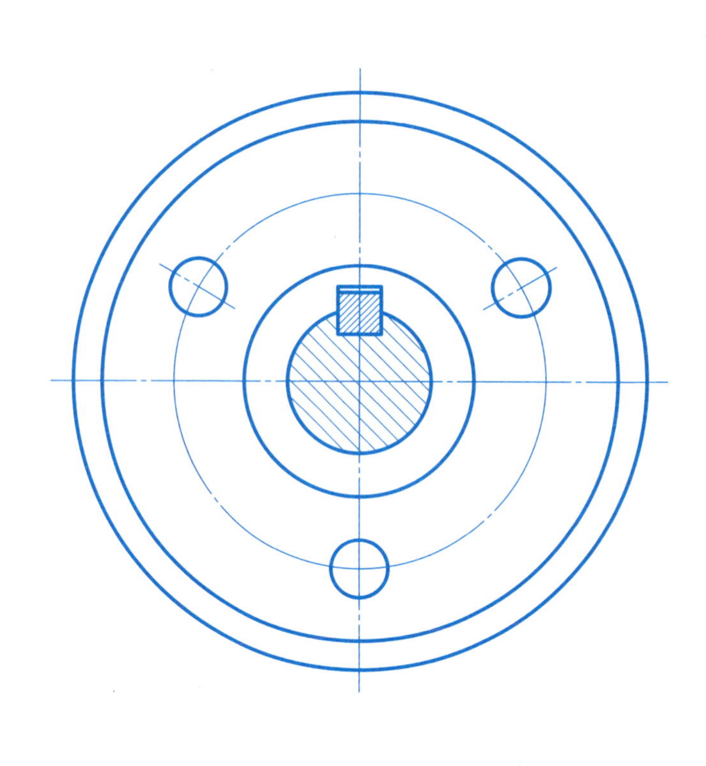

7	右半联轴器	1	45	
6	键 6×22	2	45	GB/T 1096—2003
5	联接轴	2	45	
4	螺母 M6	3	35	GB/T 41—2016
3	垫圈 6-140HV	3	Q235	GB/T 97.1—2002
2	螺栓 M6×25	3	45	GB/T 5782—2016
1	左半联轴器	1	45	
序号	名称	数量	材料	备注

联轴器		比例	1:1	（图号）
		材料		
制图		数量		共 张 第 张
审核				（校名）

班级 姓名 审核

11-6 参考 11-4 千斤顶的零件图，根据装配示意图，完成千斤顶的装配图。

工作原理：

可参考 10-4 中千斤顶的工作原理。

作业要求：

根据装配示意图和零件图，了解部件的装配顺序，在 A3 图纸上画出装配图，比例自定。

材料明细见下表。

序号	名　称	数量	材　料	备　注
1	顶垫	1	35	
2	螺旋杆	1	45	
3	螺栓 M5×30	1		GB/T 5782—2016
4	垫圈	1		GB/T 97.1—2002
5	螺母 M5	1		GB/T 6170—2015
6	底座	1	HT200	

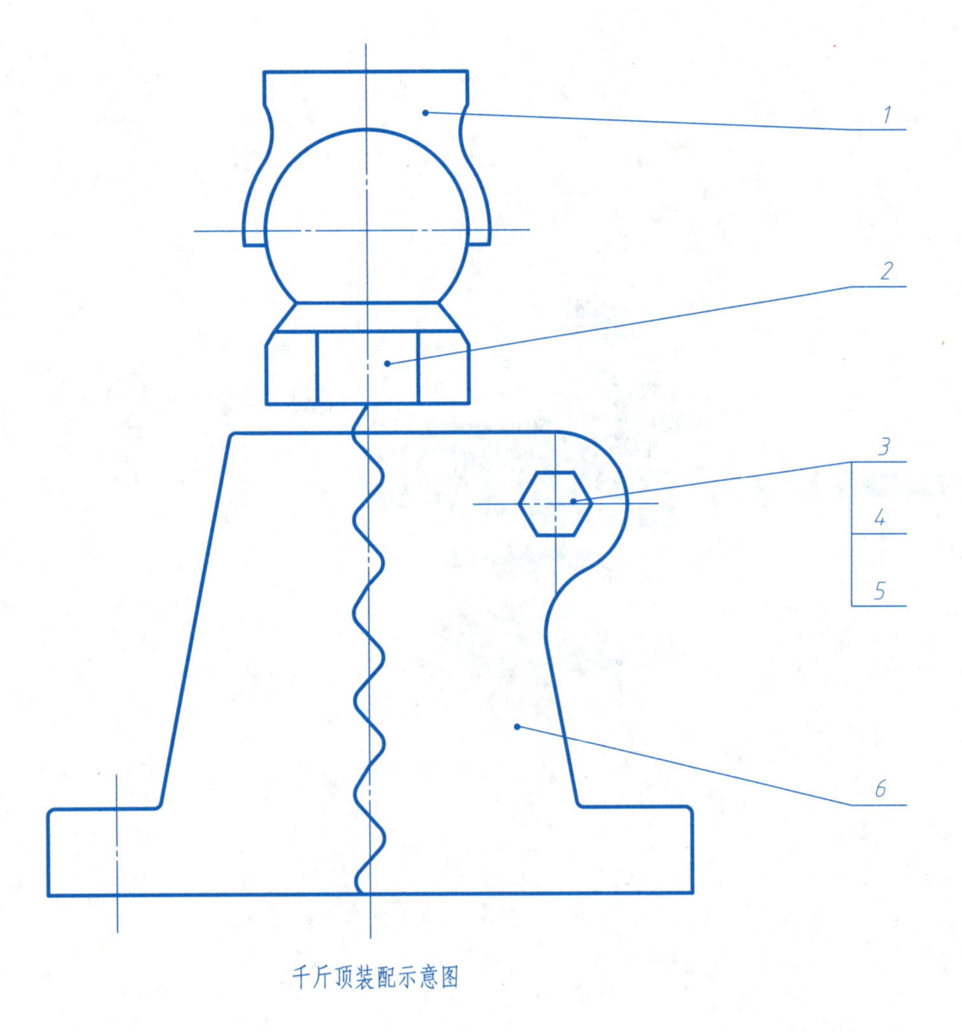

千斤顶装配示意图

班级　　姓名　　审核

12-1 测绘机用虎钳的装配体，绘制除标准件外的零件草图，并绘制部件装配图，比例自定。标准结构需测绘基本尺寸后查表取值。

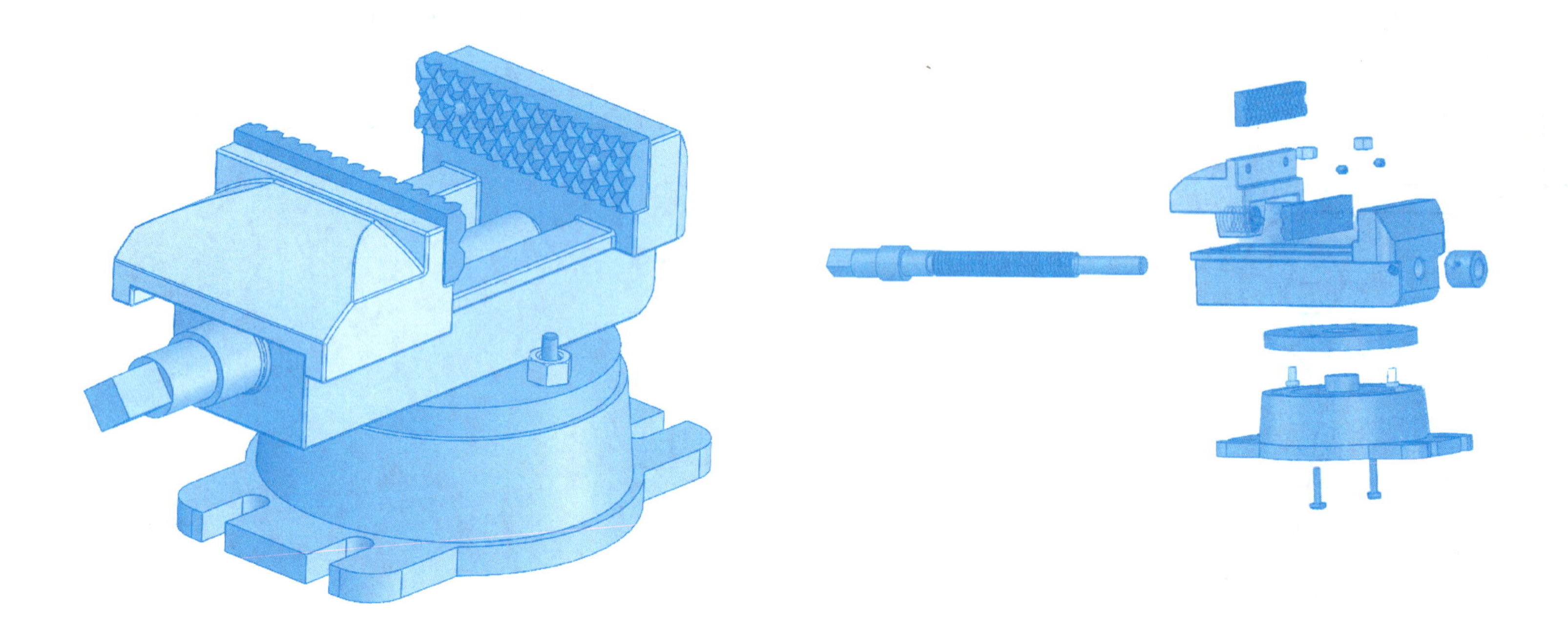

班级 姓名 审核

12-2 测绘千斤顶的装配体，绘制除标准件外的零件草图，并绘制部件装配图，比例自定。标准结构需测绘基本尺寸后查表取值。

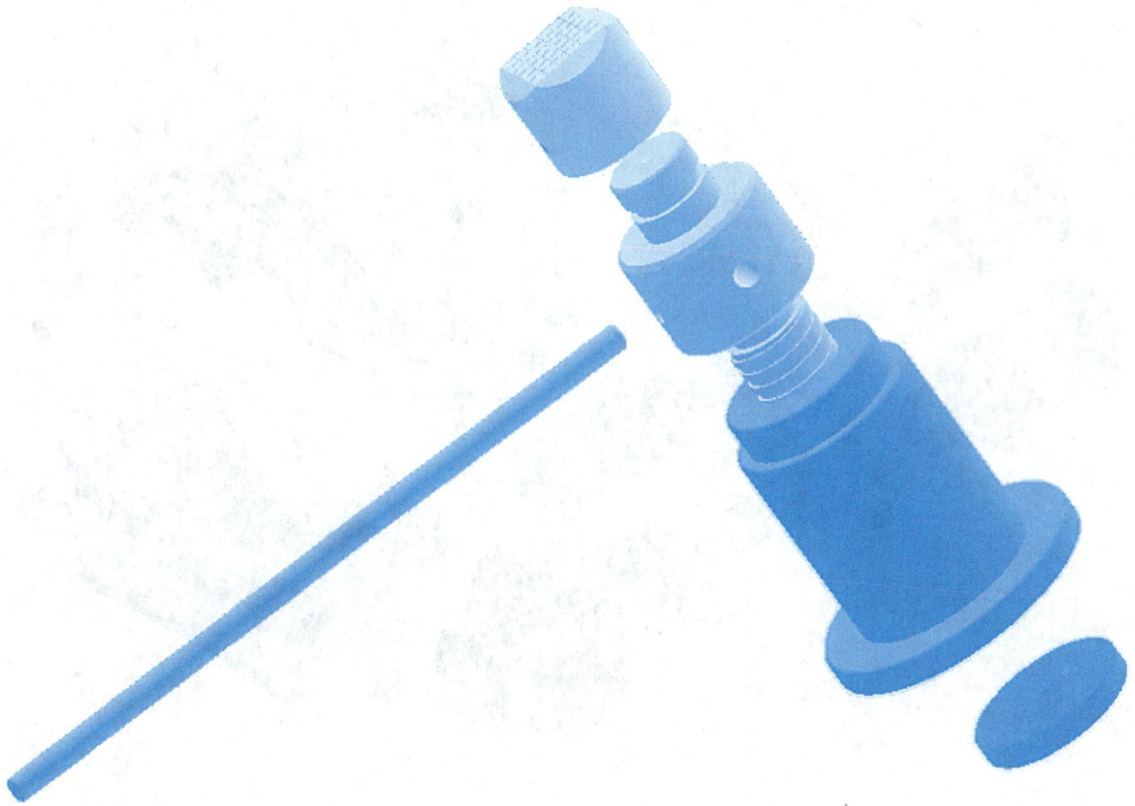

班级　　姓名　　审核

12-3 测绘一级圆柱齿轮减速器的装配体，绘制除标准件外的零件草图，并绘制部件装配图，比例自定。标准结构需测绘基本尺寸后查表取值。

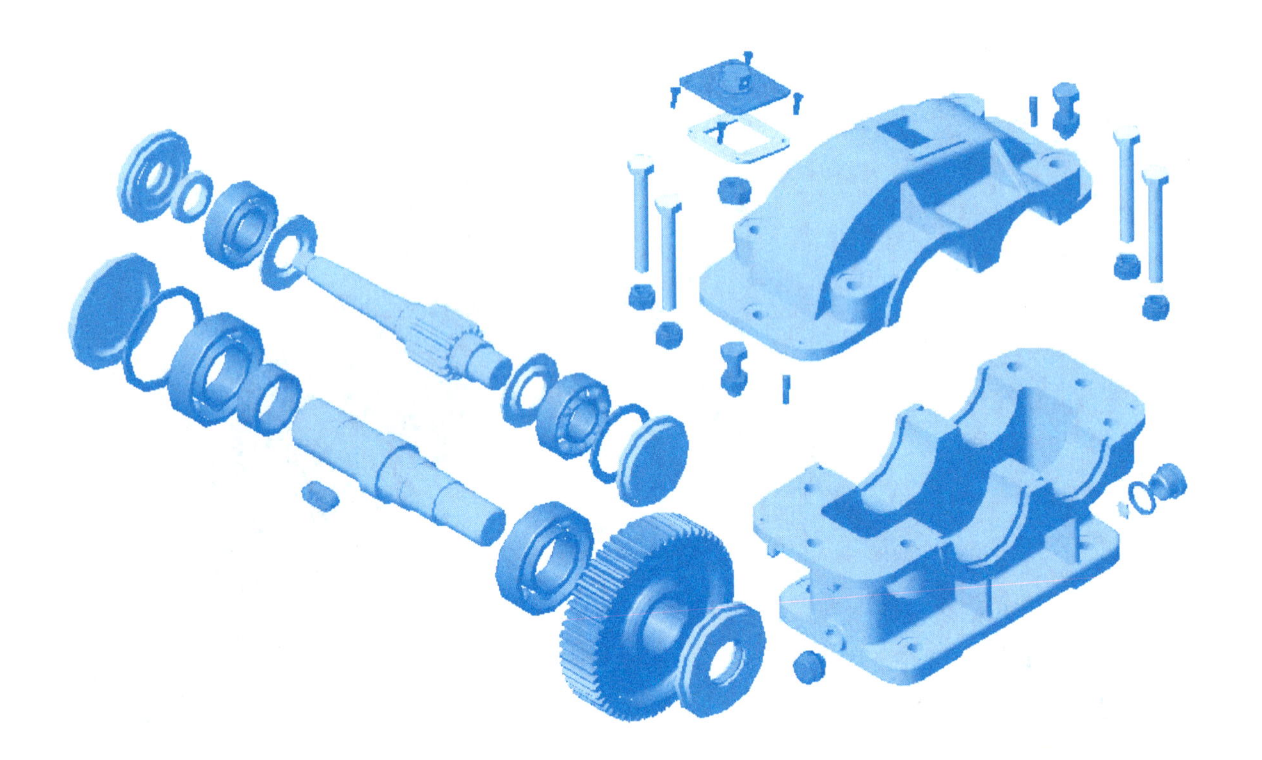

班级　　姓名　　审核

参考文献

[1] 侯洪生，闫冠. 机械工程图学［M］. 4 版. 北京：科学出版社，2016.

[2] 谷月华，闫冠，林玉祥. 机械工程图学习题集［M］. 4 版. 北京：科学出版社，2016.

[3] 胡建生. 机械制图［M］. 北京：机械工业出版社，2016.

[4] 胡建生. 工程制图与 AutoCAD［M］. 北京：机械工业出版社，2017.

[5] 大连理工大学工程画教研室. 机械制图［M］. 5 版. 北京：高等教育出版社，2003.

[6] 大连理工大学工程画教研室. 机械制图习题集［M］. 5 版. 北京：高等教育出版社，2003.

[7] 肖静. AutoCAD 机械制图实用教程［M］. 北京：清华大学出版社，2018.

[8] 薛广红，李晓梅. 机械制图［M］. 武汉：华中科技大学出版社，2012.

[9] 李晓梅，薛广红. 机械制图习题集［M］. 武汉：华中科技大学出版社，2012.

[10] 施岳定. 工程制图教程习题集［M］. 北京：高等教育出版社，2012.

[11] 周福成，熊南峰. 工程制图习题集［M］. 武汉：华中科技大学出版社，2012.

[12] 何煜琛，习宗德. 三维 CAD 习题集［M］. 北京：清华大学出版社，2010.

[13] 王静. 新标准机械图图集［M］. 北京：机械工业出版社，2014.

[14] 樊宁，何培英. 机械零部件表达方法 350 例［M］. 北京：化学工业出版社，2016.

[15] 裴承慧，刘志刚. 机械制图测绘实训［M］. 北京：机械工业出版社，2017.

[16] 杨放琼，赵先琼. 机械产品测绘和三维设计［M］. 北京：机械工业出版社，2018.